新型广谱乳酸菌细菌素

XINXING GUANGPU RUSUANJUN XIJUNSU

高玉荣／著

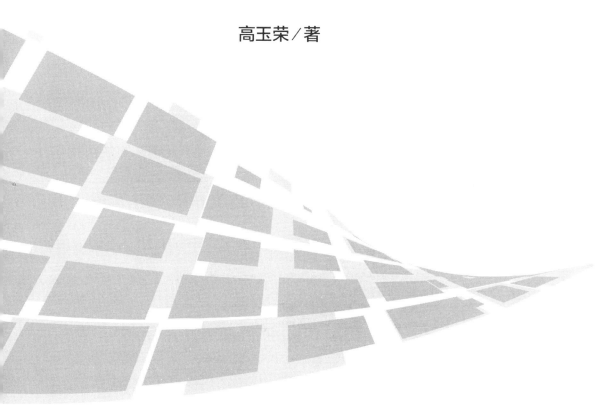

中国纺织出版社有限公司

图书在版编目（CIP）数据

新型广谱乳酸菌细菌素 / 高玉荣著 . --北京：中国纺织出版社有限公司，2023. 11

ISBN 978-7-5229-1118-2

Ⅰ. ①新… Ⅱ. ①高… Ⅲ. ①乳酸细菌—细菌素—研究 Ⅳ. ①Q939. 11

中国国家版本馆 CIP 数据核字（2023）第 195190 号

责任编辑：毕仕林 国 帅 责任校对：王花妮
责任印制：王艳丽

中国纺织出版社有限公司出版发行
地址：北京市朝阳区百子湾东里 A407 号楼 邮政编码：100124
销售电话：010—67004422 传真：010—87155801
http://www.c-textilep.com
中国纺织出版社天猫旗舰店
官方微博 http://weibo.com/2119887771
三河市宏盛印务有限公司印刷 各地新华书店经销
2023 年 11 月第 1 版第 1 次印刷
开本：710×1000 1/16 印张：16. 25
字数：226 千字 定价：98. 00 元

前　言

随着人们对食品安全的日益重视，开发新型无毒的生物防腐剂成为食品工业的重要发展方向之一。乳酸菌细菌素是由乳酸菌产生的具有抗菌活性的多肽或蛋白质，是公认安全的生物防腐剂。但目前以乳酸链球菌素为代表的乳酸菌细菌素存在抗菌谱窄、生物活性有待提高等问题。因此，开发新型广谱的乳酸菌细菌素对保证食品的质量与安全具有重要的意义。

近年来，笔者及其带领的乳酸菌细菌素科研团队一直致力于产新型广谱乳酸菌细菌素微生物的筛选及其细菌素的研究。相关研究受到了安徽省自然科学基金面上项目（2108085MC121）、安徽省高校自然科学研究重点项目（KJ2018A0459）、巢湖学院科研启动经费项目（KYQD-201712）等科研项目的资助。笔者在总结多年从事乳酸菌细菌素研究工作的基础上撰写了本书，希望本书的出版能为乳酸菌细菌素的研究和应用提供一些有益的参考。

本书由巢湖学院高玉荣撰写，李大鹏、朱传胜、刘姗、盛艳、刘晓燕等参与了部分研究工作。另外，本书还参考了部分学者及专家的著作和研究成果，在此一并表示感谢。

由于笔者水平有限，书中涉及的内容较为广泛，难免存在不足之处，敬请广大读者批评指正。

巢湖学院　高玉荣

2023 年 8 月

目　　录

1 绪论

1.1 乳酸菌

1.1.1 乳酸菌的定义

乳酸菌只是一种习惯叫法，并不是微生物分类学上的名称。乳酸菌（Lactic acid bacteria）是指能使可发酵性的碳水化合物转化成乳酸的一类革兰氏阳性细菌的统称。乳酸菌在自然界分布广泛，同时由于乳酸菌在农业、工业和医药等与人类生活密切相关领域具有较高的应用价值，因此受到人们的极大重视。在发酵过程中乳酸菌可产生过氧化氢、有机酸和细菌素等具有抑菌和杀菌作用的物质，这些物质不仅对食品的风味和组织状态有很好的保持效果，还可以抑制腐败性微生物和致病性微生物的生长，起到防止腐败，延长食品保质期的作用。

1.1.2 乳酸菌的分类

目前对于乳酸菌的分类尚未有统一的定论，已发现的乳酸菌在自然界中至少有 23 个属，可将乳酸菌按照《伯杰氏系统细菌学手册》第 9 版第 2 卷分为以下 6 个属：明串珠菌属（*Leucoasac*）：主要存在于蔬菜、水果、乳制品和葡萄酒中；链球菌属（*Streprococcus*）：主要存在于乳制品、植物及动物肠管内；片球菌属（*Pediococcus*）：主要存在于腌制物、酱油、腐败啤酒等物质中；乳杆菌属（*Lactobacillus*）：主要存在于酿造食品、乳及乳制品和腐败肉等物质中；产孢乳杆菌属（*Sporolactobacillus*）：主要存在于鸡饲料中，双歧杆菌属（*Bifidobacterium*）：主要存在于动物口腔、肠管和牛羊瘤胃中。

1.1.3 乳酸菌的应用

1.1.3.1 乳酸菌在发酵乳制品中的应用

到目前为止，人类利用乳酸菌加工各种乳制品已有数千年的历史。但是当时人们并没有认识到这主要是由于乳酸菌发酵的结果。我国秦汉时期（公元前221—公元190年），在许多书籍中已出现"酪"字。考古发现在公元前2500年的壁画中就有发酵乳制品加工的情景。由于发酵乳制品具有易消化、营养丰富、便于保藏和适口性好等优点，深受广大消费者的喜爱。

发酵乳制品目前已成为人类食品的重要组成部分，其中经乳酸菌加工的发酵乳制品已达千种以上。发酵乳制品在基础性食品、营养食品、休闲食品和保健食品等方面都起着不可替代的作用。

1.1.3.2 乳酸菌在肉制品中的应用

随着肉制品加工技术的不断发展和微生物发酵肉制品研究的不断深入，乳酸菌在肉制品加工中的应用日益广泛。发酵肉制品的加工过程中主要是利用乳酸菌的发酵作用，由于发酵肉制品不仅具有独特的风味和保健功能，而且安全卫生，因而日益受到人们的欢迎。乳酸菌的应用是发酵肉制品发酵是否成功的重要因素。目前乳酸菌已被广泛应用于各种发酵香肠的生产。

1.1.3.3 乳酸菌在医疗保健中的应用

近年来对乳酸菌的研究表明，乳酸菌具有抗肿瘤、改善胃肠道功能、降低胆固醇、增强免疫、抗辐射、改善泌尿生殖系统、美容、降血糖和防治龋齿等医疗保健作用。

1.2 乳酸菌细菌素概述

1.2.1 乳酸菌细菌素定义

乳酸菌细菌素（Bacteriocins of LAB）是乳酸菌在生长代谢过程中由核

糖体合成的一类具有抑菌和杀菌活性的多肽或前体多肽。乳酸菌细菌素在抑制多种食品病原性和腐败性细菌方面具有重要的意义。乳酸菌细菌素通常不仅对与其产生菌亲缘关系相近的乳酸菌有抑制作用，而且对非乳酸菌的革兰氏阳性腐败和致病性细菌也具有一定的抑制作用。

1.2.2 乳酸菌细菌素的分类

根据分子量大小、化学结构及稳定性，可将乳酸菌细菌素分为 4 种类型。

第一类乳酸菌细菌素是羊毛硫抗生素（lantibiotics）。这些细菌素是一类含 19~50 个氨基酸残基的小分子修饰肽。在细菌素分子的活性部位含有 β-甲基羊毛硫氨酸（β-methyllanthionine）、羊毛硫氨酸（lanthionine）、脱氢丙氨酸（dehydroalanine）和脱氢酪氨酸（dehydrobutynine）等非编码氨基酸。这类乳酸菌细菌素又可分为两个亚类：第一亚类（Ⅰa）是由阳离子和疏水基团组成的肽，能在靶目标膜上形成孔道，与结构稳定的Ⅰb类相比，具有更好的结构伸展性；第二亚类（Ⅰb）是球状的不带电荷或带负电荷的肽类。

第二类是分子量小于 10kDa 的小分子的热稳定肽（SHSP）。这类乳酸菌细菌素具有疏水性和膜活性。这类细菌素的 N 末端+1 的位置上通常是赖氨酸或精氨酸。这类细菌素的末端信号肽的序列一般由 18~21 个氨基酸组成，它的前导肽链一般由一个蛋氨酸开始，并伴随一个赖氨酸。可以将这类细菌素分为 3 个亚类：N 末端氨基酸序列为 Tyr-Gly-Asn-Gly-Val 的Ⅱa 类，这类细菌素中的两个半胱氨酸构成 S—S 桥，一般对单细胞增生李斯特氏菌有抑制和杀死作用；Ⅱb 类细菌素是由两个具有不同氨基酸序列的肽组成的寡聚体；Ⅱc 类细菌素的活性基团要求有还原性半胱氨酸残基存在，能被硫醇激活。

第三类细菌素是分子量一般大于 10kDa 的热敏感大分子蛋白（LHLP）。这类细菌素通常在 100℃ 或更低温度下 30s 内即失活，同时这类细菌素的抑菌谱较窄。

第四类细菌素是大分子复合物，在这类细菌素中除了含有蛋白质类物质外还含有碳水化合物或类脂基团，目前对这类细菌素的研究较少。

由于第二、第三和第四类乳酸菌细菌素中均不含羊毛硫氨基酸，所以通常将这 3 类细菌素通称为非羊毛硫抗生素（non-lantibiotic-bacteriocin）。在这 4 类细菌素中，由于第一、二类细菌素具有较高的抑菌和杀菌活性及作用的专一性而被广泛地作为食品生物防腐剂进行研究。在世界范围内，目前研究最深入、应用最广的是乳酸链球菌素（Nisin）。

1.2.3　乳酸菌细菌素的作用方式

目前普遍认为乳酸菌细菌素的作用分为两个步骤，第一步是以特异或非特异的微生物细胞为靶物，专一性地吸附到敏感细胞表面的特定受体上，然后发挥其杀菌或抑菌作用。乳酸菌细菌素大部分表现为一种相同的作用模式，首先通过在微生物细胞膜上形成孔洞，使微生物细胞内的离子（如 K^+）释放出来，引起微生物细胞质子泵的丧失，造成微生物细胞内电子传递体的解偶联，进而影响了细胞内 ATP 的合成和某些营养物质的运输，最终影响微生物细胞内能量的代谢及导致微生物细胞内 DNA、RNA 和蛋白质等大分子物质合成的阻断，引起微生物细胞的死亡。

目前的研究表明乳酸链球菌素等 Lantibiotic 型乳酸菌细菌素的靶器官是微生物细胞膜，细菌素侵入细胞膜内后形成通透孔道，可允许 0.5kDa 分子量的亲水溶液通过，这样导致了微生物细胞内的 K^+ 等离子从胞浆中流出，进而导致微生物细胞膜去极化，细胞外水分子不断流入，最终导致微生物细胞的自溶。这些乳酸菌细菌素的作用需膜电位的存在，作用过程中在微生物细胞膜上形成通道，降低了微生物细胞膜的电位和 pH 梯度，最终导致细胞内容物外泄达到抑菌和杀菌目的，故将这类细菌素称为能量依赖型细菌素。

非 Lantibiotic 型的乳酸菌细菌素在作用过程中也在微生物细胞膜上形成一个亲水通道，但这个亲水通道的形成与细胞膜电位无关，因此将这类细菌素称为非能量依赖型细菌素。此类乳酸菌细菌素与 Lantibiotic 型乳酸菌细菌素相比，不是破坏微生物细胞膜结构的完整性，而是破坏微生物细胞膜功能的稳定性。

关于乳酸菌细菌素对细菌芽孢的作用机理研究得较少，目前的研究主要集中在 Nisin 对细菌芽孢的抑制作用上。研究表明 Nisin 的作用是抑制芽孢而不是杀死芽孢。同时 Nisin 可以抑制肉毒梭状芽孢杆菌芽孢前期至出芽孢之间的生长过程。作用机理可能是由于 Nisin 的疏水残基起到了电子受体的作用，也可能是 Nisin 修饰了已萌发芽孢的芽孢胞膜中的巯基。

1.3 乳酸菌细菌素的生产

1.3.1 乳酸菌细菌素产生菌的研究

1.3.1.1 乳酸链球菌素产生菌

乳酸链球菌素（Nisin）是由 *Lactococcus lactis* subsp. *lactis* 产生的。这种乳酸菌是革兰氏阳性细菌，不运动，兼性厌氧，菌体呈球状或卵圆状，细胞直径 0.5~1.0μm，呈对或呈短链状，在培养基中一般形成长链。这类乳酸菌的最低生长温度为 10℃，最适生长温度为 30℃，最高生长温度为 40℃，在 45℃ 不生长。能发酵麦芽糖、葡萄糖、木糖、乳糖、蔗糖、阿拉伯糖和海藻糖；不发酵菊粉、棉子糖、山梨醇和甘油。在含 4% NaCl 的培养基中能生长，而在含 6.5% NaCl 的培养基中不能生长。

1.3.1.2 乳酸片球菌素产生菌

（1）乳酸片球菌素产生菌的形态和特征

乳酸片球菌素是由乳酸片球菌（*Pediococcus*）产生的。乳酸片球菌主要存在于果蔬和肉类等食品中。乳酸片球菌一般对植物和动物均不具有致病性。乳酸片球菌是革兰氏阳性细菌，菌落直径 1.5~2.5mm，菌落呈圆形，菌落表面平滑并呈灰白色。乳酸片球菌的细胞一般为球形。乳酸片球菌在适宜的条件下，以垂直方向分裂形成四联球菌，有时也可成对排列，但单个乳酸片球菌细胞罕见，细胞不运动，不产芽孢。乳酸片球菌素是一种兼性厌氧细菌，化能异养，一般能发酵单糖和双糖类糖。乳酸片球菌能利用葡萄糖产酸但不产气，主要的产物是 DL-乳酸或乳酸盐。乳酸片球菌接触酶阴性，氧化酶也阴性，同时不能还原硝酸盐。

（2）乳酸片球菌的生长条件

乳酸片球菌的所有菌株的最适生长温度为 25~40℃，均能在 37℃下良好地生长。乳酸片球菌最适的生长 pH 为 6.0~6.5。乳酸片球菌在有氧和含有微量氧的条件下均能很好地生长。在有氧条件下，乳酸片球菌能产生醋酸，同时产生少量的乳酸。乳酸片球菌的生长需要维生素 B_{12} 和吡哆胺（维生素 B_6）。研究表明吐温 80 可刺激乳酸片球菌的生长。乳酸片球菌不能在仅以铵盐为氮源的培养基中进行生长。乳酸片球菌在生长过程中需要微量的无机盐以维持其正常的生长和新陈代谢，这些无机盐包括磷酸盐、钾离子、钙离子、镁离子、铁离子、锌离子和锰离子等。

根据乳酸片球菌的生长条件，目前通常采用 TGE 培养基和 MRS 培养基进行培养。研究表明采用 TGE 培养基静止培养，乳酸片球菌细菌素的产量较高。

1.3.1.3　植物乳杆菌素产生菌

关于植物乳杆菌（*Lactobacillus plantarum*）产生的细菌素有许多报道，这些植物乳杆菌主要来自乳及乳制品、肉和肉制品、橄榄、发酵黄瓜、发酵谷物和果汁。目前已分离出的产细菌素的植物乳杆菌主要有以下几种：

（1）植物乳杆菌 ST31

1999 年 Tolorol 等从近 100 株植物乳杆菌中分离出产细菌素的植物乳杆菌 ST31（*Lactobacillus plantarum* ST31），并将其产生的细菌素命名为 plantaricin ST31。

（2）植物乳杆菌 LL441

1994 年，Gonza'lez 等从家庭自制奶酪的乳清中分离出产细菌素的植物乳杆菌 LL441（*Lactobacillus plantarum* LL441），将其产生的细菌素命名为 plantaricin C。

（3）植物乳杆菌 G8

1999 年，中国农业大学的李平兰从甘蓝发酵泡菜中分离到 69 株乳酸菌，通过琼脂扩散试验，筛选出产细菌素的植物乳杆菌 G8。

（4）植物乳杆菌 ZJQ

2010 年，浙江工商大学的鲁渊等人从婴儿粪便中分离到一株产广谱细菌素的植物乳杆菌 ZJQ。

（5）植物乳杆菌 LZ-222

2018 年，浙江工商大学的徐栋等人从新鲜牛奶中筛选到产抑菌物质的植物乳杆菌 LZ-222，研究表明抑菌物质具有较强稳定性，具有蛋白的本质，是一种新型乳酸菌细菌素。

（6）植物乳杆菌 MXG-68

2019 年，内蒙古农业大学的满丽莉等人从内蒙古自治区的酸马奶中筛选到产细菌素的植物乳杆菌 MXG-68。

（7）植物乳杆菌 LPL-1

2018 年，中国农业大学的王瑶等人从发酵鱼中筛选出一株产新型Ⅱa类细菌素的植物乳杆菌 LPL-1。

（8）植物乳杆菌 JLA-9

2016 年，河南科技学院的赵圣明等人从东北传统发酵酸菜中分离到植物乳杆菌 JLA-9，其产生的细菌素对革兰氏阳性菌和革兰氏阴性菌均具有较强的抑制作用。

（9）植物乳杆菌 FZU122

福州大学的韩金志等人以中国传统酸菜为原料，筛选出一株产相对分子量 1059.6 的新型广谱乳酸菌细菌素的植物乳杆菌 FZU122。

（10）植物乳杆菌 D1501

2020 年，南京农业大学的董明胜等人从贵州省剑河侗族酸肉中分离出产新型广谱乳酸菌细菌素的植物乳杆菌 D1501。

1.3.1.4 米酒乳杆菌素产生菌

在第二类细菌素中，米酒乳杆菌素是一类非常受关注的细菌素。因为其产生菌米酒乳杆菌（清酒乳杆菌）已作为肉的发酵剂被广泛应用，因此产细菌素的米酒乳杆菌及其产生的细菌素在控制肉制品生产中的腐败菌和致病菌上有广阔的应用前景。从 1992 年开始，人们从发酵肉制品中陆续分离出几株产细菌素的米酒乳杆菌。

（1）米酒乳杆菌 Lb706

1992 年，Holck 等从来自肉制品中的 221 个菌株中筛选出产细菌素的米酒乳杆菌 Lb706（*Lactobacillus sakei* Lb706），并将其产生的细菌素命名为 sakacin A。

（2）米酒乳杆菌 2512

2002 年，Simon 等从肉制品中分离出产细菌素的米酒乳杆菌 2512（*Lactobacillus sake* 2512），将其产生的细菌素命名为 sakacin G。

（3）米酒乳杆菌 CCUG 42687

1994 年，Tichaczek 等从发酵香肠中分离出了产细菌素的米酒乳杆菌 CCUG 42687（*Lactobacillus sakei* CCUG 42687），将其产生的细菌素命名为 sakacin P。

（4）Sactocin S

1990 年，Christina 等人从发酵香肠中分离出产一类细菌素 sactocin S 的 *Lactobacillus* sakei L45。

（5）Sakacin M

1991 年，Sobrino 等人从发酵香肠中分离出产一类细菌素 sakacin M 的 *Lactobacillus* sakei 148。

（6）Sakacin T

2001 年，Vaughan 等人从麦芽中分离出产二类细菌素 sakacin T 的 *Lactobacillus* sakei。

（7）Sakacin P

2005 年，Mathiesen 等人从香肠中分离出产二类细菌素 sakacin P 的 *Lactobacillus* sakei。

（8）Sakacin K

2010 年，Kjos 等人从香肠中分离出产二类细菌素 sakacin K 的 *Lactoba-*

cillus sakei。

1.3.1.5 明串珠菌细菌素产生菌

乳酸菌细菌素以其产生菌而命名，目前 *Leuconostoc mesenteroides* 在国内外已普遍应用于泡菜等蔬菜的发酵中，是公认安全的乳酸菌发酵剂，因此由 *Leuconostoc mesenteroides* 产生的细菌素是公认安全的细菌素，在控制腐败菌和致病菌上有广阔的应用前景。目前国内外已分离出 3 株产细菌素的 *Leuconostoc mesenteroides*。

①Yann Héchard 等人从羊奶中分离出一株 *Leuconostoc mesenteroides* Y105，产生的细菌素 mesentericin Y105，分子量为 2.5~3.0kDa，但只能抑制李斯特氏菌属的生长。

②Maria A P 等人从肉制品中筛选出一株 *Leuconostoc mesenteroides*，产生的细菌素 mesentericin B-TA33a，分子量 3466Da，只能抑制明串珠菌和魏斯氏菌的生长。

③2013 年，崔虎山等人从发酵食品中筛选出 2 株产细菌素的明串珠菌，研究表明其产生的细菌素具有较强的热稳定性和 pH 稳定性。

④2014 年，高玉荣等人从东北传统发酵酸菜中分离出一株产细菌素的 *Leuconostoc mesenteroides* subsp. *mesenteroides*，对其产生的细菌素 mesentericin ZLG85 进行了分离纯化和抑菌谱的研究，发现其是一种新型广谱的乳酸菌细菌素，不仅对革兰氏阳性细菌单细胞增生李斯特氏菌、金黄色葡萄球菌、藤黄八叠球菌、枯草芽孢杆菌有抑菌作用，也对革兰氏阴性细菌甲型副伤寒沙门氏菌、痢疾志贺氏菌等具有较强的抗菌作用。

⑤2018 年，Patricia 等人从酿酒过程中分离出产广谱细菌素的肠膜明串珠菌，产生的细菌素对大肠杆菌和金黄色葡萄球菌等潜在致病菌均具有抑制作用。

⑥2021 年，李祎等人从泡菜发酵物中筛选到一株产细菌素的肠膜明串珠菌，其产生的细菌素对维氏气单胞菌具有抑制作用。

1.3.1.6 格氏乳球菌细菌素产生菌

目前国内外研究人员已发现 4 种由 *Lactococcus garvieae* 产生的格氏乳球

菌素。

2001 年，Villani 等人从鲜牛乳中分离到一株产细菌素的格氏乳球菌，将其产生的细菌素命名为 garviecin L1-5，其对蛋白酶敏感，耐热性和稳定性强，只对亲缘关系较近的菌株有抑制作用，分子量为2.5kDa。

2011 年，Borrero 等人从绿头鸭粪便中分离到一株产细菌素的格氏乳球菌，将其产生的细菌素命名为 garviecin ML，研究发现其为环状结构，对蛋白酶不敏感，由 60 个氨基酸组成，分子量 6.0kDa，只抑制革兰氏阳性细菌，对革兰氏阴性细菌无抑制作用。

2012 年，Tosukhowong 等人从当地发酵猪肉香肠中分离出产细菌素的格氏乳球菌，将其产生的细菌素命名为 garviecin Q，研究表明其对蛋白酶敏感，耐热性和稳定性强，由 70 个氨基酸组成，分子量为 5.3kDa，只抑制革兰氏阳性细菌，但不抑制革兰氏阴性细菌。因此目前国外发现的这些格氏乳球菌素的抗菌谱较窄。

2015 年，高玉荣等人从东北传统发酵酸菜中分离到一株 Lactococcus garvieae，对其产生的细菌素 garviecin LG34 进行了分离纯化和抗菌谱的研究，发现其是一种新型广谱的乳酸菌细菌素，不仅对革兰氏阳性细菌有抑菌作用，也对革兰氏阴性细菌具有较强的抗菌作用。garviecin LG34 的分子量为 5.4kDa，具有很强的热稳定性和 pH 稳定性。

1.3.1.7　其他乳酸菌细菌素的产生菌

（1）4 株乳杆菌

2007 年，东北农业大学的贡汉生于乳品科学教育部重点实验室工业微生物菌种保藏中心（KLDS-DICC），从 67 株乳杆菌中筛选出 4 株具有抑菌活性的乳杆菌：马乳酒样乳杆菌（KLDS 1.0373）、短乳杆菌（KLDS 1.0355）、布氏乳杆菌（KLDS 1.0364）和棒状乳杆菌棒状亚种（KLDS 1.0391）。

（2）嗜酸乳杆菌 Sr-1

2005—2007 年，扬州大学的庄国宏从动物及健康人群肠道中分离出一株产细菌素的乳杆菌，通过形态及生理生化实验最终将其鉴定为嗜酸乳杆菌，并将其命名为嗜酸乳杆菌 Sr-1。

（3）戊糖乳杆菌 31-1

2004 年，中国农业大学的吕燕妮等从云南宣威火腿中分离筛选出一株对多株乳杆菌具有抑制作用的乳酸菌 31-1，经排除各种干扰因素后确定其产生的抑菌物质为细菌素类物质，通过形态和生理生化实验将乳酸菌 31-1 鉴定为戊糖乳杆菌（*Lactobacillus pentosus*）。

（4）布氏乳杆菌 CF10

2004—2006 年，四川大学常峰从四川某浓香型大曲酒酿造企业窖池的黄水中筛选出一株代谢产物对革兰氏阳性致病性细菌、革兰氏阴性致病性细菌及部分真菌和酵母菌均具有抑制和杀死作用的乳酸菌，菌株编号 CF10。通过形态、生理生化及分子生物学实验，将这株乳酸菌鉴定为布氏乳杆菌（*Lactobacillus buchner*）。

（5）酸菜中产细菌素的乳酸杆菌

2004—2006 年，黑龙江大学邹鹏从酸菜发酵液中筛选出 8 株产细菌素的乳杆菌，根据形态、生理生化、API 50 CH 试剂条和 I6S rDNA 序列分析，将其中的一株乳酸菌鉴定为短乳杆菌（*Lactobacillus brevis*），将另外 7 株乳酸菌鉴定为植物乳杆菌（*Lactobacillus plantarum*）。

1.3.2 乳酸菌细菌素的发酵技术研究

1.3.2.1 乳酸链球菌素（Nisin）的发酵

利用响应面优化方法，李潺等研究确定了 Nisin 发酵的培养基配方为（g/L）：大豆蛋白胨 4.49g；蔗糖 10g；KH_2PO_4 28.42g；酵母粉 10g；$MgSO_4 \cdot 7H_2O$ 0.2g；NaCl 2g；水 1L。在这种优化的培养基中，*Lactococcus lactis* subsp. *lactis* ATCC 11454 菌株的乳酸链球菌素效价由 1074IU/mL 提高到 2150IU/mL。目前很多研究者研究了 Nisin 发酵生产的工业培养基，在研究过程中采用工业废弃物或廉价的原料。De Vuyst 等报道了以 3%棉子粉为碳源进行乳酸链球菌素的发酵生产，最终效价大于 2500IU/mL。Desjardins 等使用加入碳酸钙的乳清培养基进行发酵，最终乳酸链球菌素的效价达到

6750IU/mL。

目前，乳酸链球菌素生产的典型发酵条件是发酵温度 28~30℃，发酵时间 12~24h，pH 控制在 5.0~6.8，在发酵过程中采用静止或低速振荡培养。

1.3.2.2 乳酸片球菌素的发酵

有机氮源是乳酸片球菌素产量的主要影响因素，其中酵母提取物对乳酸片球菌素的产量影响最大。当培养基中有机氮源含量较高时，不仅能满足乳酸片球菌菌体生长，而且也能中和乳酸，从而促进乳酸片球菌素的产生，提高乳酸片球菌素的效价。葡萄糖是乳酸片球菌生长的最佳碳源，对乳酸片球菌素产量有显著的调节作用。

培养基中的无机盐对乳酸片球菌素的产生也有重要影响，研究表明 K_2HPO_4 是乳酸片球菌素发酵很好的磷源；当培养基中 K_2HPO_4 的浓度提高到 5% 时，不仅可将发酵液的 pH 维持在合适的范围内，而且可以刺激乳酸片球菌素的产生。

通过对乳酸片球菌素的培养基进行研究优化，确定了乳酸片球菌素的发酵培养基配方，其组分为（g/L）：牛肉膏 8g，蛋白胨 10g，葡萄糖 15g，酵母粉 6g，吐温 80 1mL，乙酸钠 5g，磷酸二氢钾 3g，硫酸镁 0.2g，柠檬酸三铵 2g，硫酸锰 0.2g，水 1000mL。研究表明乳酸片球菌素的最佳发酵条件为：发酵温度 37℃，发酵 pH 6.0，发酵时间 16h，在此条件下乳酸片球菌素的产量可达 2000AU/mL 以上。

1.3.2.3 植物乳杆菌素的发酵

（1）植物乳杆菌素 ST31（plantaricin ST31）的发酵工艺

将植物乳杆菌 ST31 接种在 pH 6.0 的 MRS 培养基中，30℃发酵 24h 后获得 600AU/mL 的最大植物乳杆菌素 ST31 产量，当将植物乳杆菌 ST31 继续培养至 48h，植物乳杆菌素 ST31 的产量则逐渐下降。研究还发现，在植物乳杆菌 ST31 生长的平衡期，植物乳杆菌素 ST31 的抑菌活性达到最大，抑菌活性至少能保持 10h 稳定不变。

（2）植物乳杆菌素 C（plantaricin C）的发酵

采用连续发酵工艺，在恒化器中培养的植物乳杆菌 LL441 在 pH 为 5.0，30℃，150r/min，0.5g/L 葡萄糖为碳源，稀释率 0.05h^{-1} 的条件下，plantaricin C 的产量最大。当用蔗糖或果糖来代替葡萄糖时，在 0.10~0.12h^{-1} 稀释率的条件下，植物乳杆菌素 C 的产生量最大。

（3）植物乳杆菌 G8 产细菌素的发酵

在对数末期和稳定前期，植物乳杆菌 G8 的发酵液出现一个抑菌活性高峰，在此期间细菌素效价达到最大。随着植物乳杆菌 G8 发酵时间的不断延长，细菌素效价缓慢下降。在 pH 为 4.0~5.0 其细菌素效价最大。

碳源和氮源对植物乳杆菌 G8 细菌素的产生影响极为显著。当采用动物蛋白胨为氮源，葡萄糖为碳源时，有利于细菌素的发酵生产。初始 pH 6.0，30℃适于植物乳杆菌 G8 合成细菌素。发酵的最佳培养基组成为：蛋白胨 10g，葡萄糖 5g，$K_2HPO_4 \cdot 3H_2O$ 2g，柠檬酸三铵 2g，乙酸钠 5g，$MnSO_4 \cdot 4H_2O$ 0.25g，$MgSO_4 \cdot 7H_2O$ 0.58g，吐温 80 1mL，水 1000mL。

1.3.2.4 米酒乳杆菌素的发酵

（1）米酒乳杆菌素 A（sakacin A）

采用 MRS 液体培养基，米酒乳杆菌素 A 的产量可达到 180AU/mL，但这种培养基成本较高。研究表明当培养基的组成为：蛋白胨 10g，牛肉膏 8g，酵母膏 4g，葡萄糖 10g，$CaCO_3$ 30g，水 1000mL 时，培养基的价格下降 50%，米酒乳杆菌素 A 的产量由 180AU/mL 提高到 480AU/mL。

（2）米酒乳杆菌素 G（sakacin G）

将米酒乳杆菌 2512 菌种在 MRS 培养基中 30℃培养 16~18h，接种 1% 的菌悬液至发酵培养基中，研究表明最佳的发酵培养基配方为：酵母膏 20g，牛肉膏 10g，蛋白胨 10g，葡萄糖 10g，氯化钠 5g，蒸馏水 1000mL，pH 6.8~7.2。

（3）米酒乳杆菌素 P（sakacin P）

1999 年，Katla 等对米酒乳杆菌 CCUG 42687（*Lactobacillus sakei* CCUG 42687）产米酒乳杆菌素 P 的规律进行了研究。研究表明在培养基：酵母膏 10g，蛋白胨 10g，葡萄糖 30g，$MnSO_4 \cdot H_2O$ 0.05g，$MgSO_4 \cdot 7H_2O$ 0.2g，Tween 80 1mL，KH_2PO_4 2.7g，$FeSO_4 \cdot 7H_2O$ 0.05g，$CuSO_4 \cdot 5H_2O$ 0.0039g，$ZnSO_4 \cdot 7H_2O$ 0.0044g，$MnSO_4 \cdot H_2O$ 0.0015g，$CoCl_2 \cdot 6H_2O$ 0.0002g，$Na_2MoO_4 \cdot 2H_2O$ 0.0001g，蒸馏水 1000mL 条件下，单位细胞的细菌素产量最高。在 4~30℃，*Lactobacillus sakei* CCUG 42687 都能产生米酒乳杆菌素 P，在低温下米酒乳杆菌素 P 的比生成速率较高。与不调控 pH 的发酵相比，将 pH 控制在 6.3 时，米酒乳杆菌素 P 产量较高。添加 Tween 80 能提高米酒乳杆菌素 P 的产量，而添加氯化钠及微量元素则降低米酒乳杆菌素 P 的产量。在米酒乳杆菌 CCUG 42687 生长的对数末期和稳定期，米酒乳杆菌 P 的产量降低，这表明米酒乳杆菌 P 是非细胞依赖型细菌素。

1.3.3 乳酸菌细菌素提取技术研究

1.3.3.1 概述

提取纯化是研究乳酸菌细菌素生物活性和实现产业化的关键技术，目前，乳酸菌细菌素的提取纯化方法主要有：有机溶剂沉淀法、盐析法、离子交换层析法、反向高效液相色谱法、凝胶过滤层析法和 pH 吸收释放法等。

（1）盐析法

向含乳酸菌细菌素的溶液中加入大量的中性盐（硫酸钠、硫酸铵或氯化钠等），使乳酸菌细菌素脱去水化层而聚集沉淀。盐析沉淀一般不引起乳酸菌细菌素的变性。

（2）有机溶剂沉淀法

与水互溶的有机溶剂（如乙醇、甲醇和丙酮等）能使乳酸菌细菌素在水中的溶解度显著降低。在室温下，这些有机溶剂不仅能引起乳酸菌细菌素的沉淀，而且伴随着变性。在沉淀过程中如果预先将有机溶剂冷却，并在不断地搅拌条件下逐滴加有机溶剂，变性问题基本上可以得到解决。乳酸菌细菌素在有机溶剂中的溶解度随着温度、离子强度和 pH 的变化而变化。在一定的离子强度、温度和 pH 条件下，引起乳酸菌细菌素沉淀的有机溶剂的浓度不同，因此控制有机溶剂浓度也可以分离乳酸菌细菌素。

（3）凝胶过滤层析

凝胶过滤层析分离纯化乳酸菌细菌素的原理是在洗脱液洗脱含乳酸菌细菌素样品的过程中，其中含有的大分子物质不能进入凝胶颗粒内部，因此会沿着凝胶颗粒间的空隙最先流出柱外。而乳酸菌细菌素样品中的小分子物质可以进入凝胶颗粒内部的多孔网状结构，缓慢流出，并最后流出柱外，最终使含乳酸菌细菌素的样品中分子量大小不同的物质得到分离。

在凝胶过滤过程中所采用的过滤介质是凝胶珠，其内部是多孔的网状结构。凝胶珠中凝胶的交联度决定了凝胶的分级范围，即决定了能被凝胶分离的蛋白质混合物（含细菌素的样品）的分子量范围。例如 Sephadex G50 的分级范围（指的是被分离的蛋白质混合物的分子量范围）是 1500～30000。有时分级范围的上限也用排阻极限来表示，即不能扩散进凝胶微孔的最小分子量，如 Sephadex G50 的分级范围即排阻极限是 30000。

目前经常使用的凝胶有琼脂糖凝胶、聚丙烯酰胺凝胶和交联葡聚糖凝胶等。琼脂糖凝胶是一种天然凝胶交联葡聚糖，商品名为 Sepharose 或 Bio-Gel A，是由 α-1，6-葡聚糖与 1-氯-2，3-环氧丙烷交联而成的线形化合物。聚丙烯酰胺凝胶是一种人工合成的凝胶，商品名为 Bio gel P，是由交联剂甲叉双丙烯酰胺和单体丙烯酰胺共聚而成的多聚物。

当不同分子大小的含乳酸菌细菌素的混合物流经凝胶层析柱时，比凝胶网孔大的物质不能进入凝胶珠内的网状结构，而被排阻在凝胶珠之外，因此会随着洗脱溶剂在凝胶珠之间的孔隙向下移动并最先流出凝胶柱外。但混合物中比网孔小的物质则能不同程度地自由出入凝胶珠的内外。这样在含乳酸菌细菌素的混合物中，先被洗脱出来的是大分子的物质，而后被洗脱出来的是小分子物质。最终可以从含乳酸菌细菌素混合液中分离出乳酸菌细菌素。

（4）离子交换层析

采用纤维素作为交换剂基质可制成离子交换纤维素（cellulose ion exchanger）。离子交换纤维素由于有较大的表面积，具有松散的亲水性网状结构，使大分子可以自由通过。因此对乳酸菌细菌素混合物中的蛋白质类物质来说，离子交换纤维素的交换容量比离子交换树脂大。同时，由于交换纤维素的电荷密度较小，所以离子交换层析的洗脱条件温和，回收率高。此外，由于离子交换纤维素的品种较多，可以用于各种物质和不同的分离目的。总之，离子交换纤维素的出现对酶和乳酸菌细菌素等物质的分离提纯是个重大改进。

层析洗脱过程中，主要有两种方法，第一种是采用洗脱剂成分不变的方式洗脱，第二种是在洗脱过程中不断改变洗脱剂的盐浓度或 pH。而第二种方式又可以分为两种：一种是洗脱剂渐进式的连续改变，另一种是洗脱剂跳跃式的分段改变。前一种方式称为梯度洗脱，而后一种方式称为分段洗脱。一般梯度洗脱的分离效果好，分辨率高，对盐浓度敏感的离子交换剂，一般多采用梯度洗脱。

（5）反向高效液相色谱法（RP-HPLC）

色谱技术是通过要分离的各种物质在色谱中两相之间的作用力不同，造成的要分离的各种物质的保留时间不同而使得混合物中的各组分相互分离的技术。按照用途可将色谱技术分为分析级色谱和制备级色谱。其中分析级色谱主要用于物质的鉴定，能够检测出混合物中含有的痕量组分，检出下限低；制备级色谱适合于工业化大规模制备，用于混合物质中有效成分的分离提取。

按照操作方式又可将制备色谱分为间歇操作制备色谱和连续操作制备色谱。填充柱色谱是间歇制备色谱的典型代表，但其在洗脱过程中只能等洗脱液将柱中保留的混合物中的各组分全部洗脱后才能继续注入待分离的混合物。而连续操作制备色谱则是工业化生产的首选操作方式，能够大幅度地提高生产效率。目前广泛的连续操作制备色谱主要是模拟移动床色谱。

（6）pH 吸收释放法

前人根据乳酸菌细菌素在不同 pH 条件下能够吸附和解析的特性，提出了一种基于吸附和解析进行乳酸菌细菌素分离纯化的方法。在分离过程中发现，在 pH 6.0~6.5 的条件下，某些乳酸菌细菌素能吸附在产生菌的细胞上，在吸附后通过离心收集菌体，然后将乳酸菌发酵液的 pH 调整至 2.0，经过一段时间使乳酸菌细菌素从菌体细胞上解离下来。pH 吸收释放法由于实验试剂消耗量小，纯化过程简便，因此适合应用在工业化生产中。通过这种方法能够得到大量的并且纯度较高的乳酸菌细菌素样品。

1.3.3.2　乳酸链球菌素（Nisin）的提取

目前，乳酸链球菌素的工业化提取一般是将用 NaCl 饱和了的乳酸链球菌发酵液首先经正丙醇提取 2 次，然后再用丙酮沉淀得到乳酸链球菌素的粗制品。将这种乳酸链球菌素的粗制品溶于 0.05mol/L HAc-NaAc（pH 3.6）缓冲液中，并用这种缓冲液进行 24h 的透析，将透析液离心后经柱层析分离，然后对分离的抑菌活性组分进行喷雾干燥，研细后用 NaCl 调整乳酸链球菌素的成分，最终制成了乳酸链球菌素成品。以英国巴雷特与阿普林公司的产品 Nisaplin 为例，其组成为氯化钠 74.5%，乳酸链球菌素 $1×10^6$ IU/g，水分 1.7%，变性乳固体 23.8%。

1.3.3.3　乳酸片球菌素的提取

采用传统的蛋白质提取方法进行乳酸片球菌素的提取，不仅费时，过程复杂，而且乳酸片球菌素的产量较低。

1992 年，根据乳酸片球菌素在不同 pH 条件下能够吸附并进行解吸的特性，Yang 等人第一次提出了利用吸附-解析法进行乳酸片球菌素提取纯化的方法。采用这种方法，乳酸片球菌素的吸附和解析的效率最高能达到 95%，在提取乳酸片球菌素的同时也能够得到较高纯度的乳酸片球菌素。

首先将乳酸片球菌素发酵液在 70℃ 处理 30min 后，冷却至室温，用 4mol/L 氢氧化钠溶液将发酵液的 pH 调整至 6.0。室温用磁力搅拌器搅拌 30min，使乳酸片球菌素吸附在乳酸片球菌的细胞壁上。然后 4℃，10000g 离心 30min。将上清液弃去，收集乳酸片球菌菌体。将乳酸片球菌菌体再次悬浮在 100mL 5mmol/L 磷酸钠溶液中，4℃，10000g 离心 30min。将上清液弃去，收集乳酸片球菌菌体。再将乳酸片球菌菌体悬浮在 5mL 100mmol/L 氯化钠溶液中。将悬浮液用 5% 的磷酸钠溶液调 pH 为 2.0。4℃ 磁力搅拌器搅拌 12h。4℃，18000g 离心 30min。将上清液收集。用 4mol/L 氢氧化钠溶液将无细胞上清液调 pH 值为 7.0。将此样品冻干后即为乳酸片球菌素提取物。

1.3.3.4 植物乳杆菌素的分离纯化

（1）植物乳杆菌素 ST31 的提取

将培养 24h 的植物乳杆菌 ST31 的发酵液，在 4℃，20000g 离心 15min 后，将植物乳杆菌 ST31 无细胞上清液在 80℃ 加热 10min 以防植物乳杆菌素被蛋白酶水解。然后无细胞上清液中缓慢加入硫酸铵，使硫酸铵终浓度达 60%，然后在 4℃ 搅拌 4h 后，20000g 离心 1h，将硫酸铵沉淀物重新悬浮在 25mmol/L（pH 6.5）的醋酸铵中，然后注入 Sep-Pack C18 柱中。预先用含 20% 丙醇的 25mmol/L（pH 6.5）醋酸铵溶液进行柱子的平衡，然后用含 40% 丙醇的 25mmol/L（pH 6.5）醋酸铵溶液洗脱植物乳杆菌素，收集抑菌活性组分。将抑菌活性组分减压浓缩后，将抑菌活性组分溶解在 0.1% 三氟乙酸溶液中并检测抗菌活性。然后采用 C18 柱（250mm×4.6mm）反向高效液相色谱将抑菌活性组分进一步分离纯化。采用 0~90% 乙腈（溶解在 0.1% 三氟乙酸中）线性梯度洗脱 65min。测定波长为 220nm，并收集抑菌活性多肽组分。将抑菌活性组分减压浓缩后即为植物乳杆菌素 ST31。

（2）植物乳杆菌素 C 的分离纯化

调整植物乳杆菌无细胞上清液的 pH 为 6.5，添加硫酸铵至 55%（W/V）沉淀植物乳杆菌素 C。离心后，将硫酸铵沉淀物重新溶解在含 25% 乙腈的 0.1% 三氟乙酸水溶液中，并注入用相同溶液平衡了的 C 疏水柱（Mega Bond Elut；Varian）中，然后用 50mL 含 50% 乙腈的 0.1% 三氟乙酸水溶液洗脱植物乳杆菌素 C。收集抑菌活性组分，浓缩后注入用 pH 5.3、0.02mol/L 醋酸铵平衡了的快速蛋白液相色谱层析柱中。用 0~1mol/L NaCl

（溶解在 pH 5.3、0.02mol/L 醋酸铵溶液中）线性梯度洗脱植物乳杆菌素 C，在 280nm 下测定吸光值。用 0.5mol/L NaCl 洗脱下来的单一峰为植物乳杆菌素 C。

1.3.3.5 米酒乳杆菌素的分离纯化

（1）米酒乳杆菌素 A

将米酒乳杆菌 Lb706 发酵液离心弃菌体，将无细胞上清液用 50%的硫酸铵沉淀，将沉淀溶解在 20mmol/L pH 为 5.5 的磷酸缓冲液中。将样品注入已用 20mmol/L pH5.5 的磷酸缓冲液平衡的 Resouce S 离子交换层析柱中，以 2mL/min 的速度，用 0~1.5mol/L NaCl（溶解在 20mmol/L pH 5.5 的磷酸缓冲液）线性梯度洗脱。这个过程重复 3 次，收集抑菌活性组分。将收集的抑菌活性组分注入 Resouce RPC 柱中，用 0~100% 0.1%的三氟乙酸（溶解在乙腈中）线性梯度洗脱，洗脱速度为 2mL/min，收集活性组分。将活性组分冻干后溶解在 20mmol/L pH 为 6.0 的磷酸缓冲液中，用 Sephadex HR10/30 凝胶层析柱以 0.5mL/min 的速度洗脱，最终获得了色谱纯的米酒乳杆菌素 A。

（2）米酒乳杆菌素 G

将米酒乳杆菌 2512 培养 16h 的发酵液 6000g 离心 15min，将无细胞上清液 70℃加热 20min。将无细胞上清液冷却后用 pH 6 以下的水稀释一倍，用羧甲基纤维素离子交换树脂层析柱（Cellufine C-200，Amicon）（2.5cm×18cm）进行层析，在层析前先用水进行平衡。然后用 150mL 0.1mol/L NaCl 溶液层析，最后用 200mL 0.5mol/L NaCl 溶液洗脱米酒乳杆菌素 G，洗脱过程中溶液的 pH 必须小于 6.0。产品的进一步纯化，可先将冻干的提取物溶解在 1mL 40%的乙腈水溶液中，然后注入 C8 反向高效液相色谱柱（Kromasil，5μm，100Å，4.6mm×250mm）中。在 220nm 下记录吸光值，流速为 0.8mL/min。流动相 A 液为 0.1%的三氟乙酸水溶液，B 液为含乙腈水溶液的 0.07%三氟乙酸水溶液。在用 20%的 B 溶液洗脱 5min 后，用 20%~40%的 B 溶液洗脱 10min，然后用 40%~55%的 B 溶液洗脱 20min。收集 23min 出峰的组分即为米酒乳杆菌素 G。

（3）米酒乳杆菌素 P

调整无细胞上清液的 pH 为 5.8，添加 400g/L 的硫酸铵进行沉淀。4℃，10000g 离心 30min，过夜沉淀后，将硫酸铵沉淀物重新溶解在含 7mol/L 尿素的 0.1mol/L pH 为 4.4 的乙酸钠缓冲溶液中。将重新溶解的样品注入用含 7mol/L 尿素的 0.1mol/L pH 为 4.4 乙酸钠缓冲液平衡了的 SP 琼脂糖快速柱层析系统中。分别用 50mL 含不同浓度（7mol/L、4mol/L 和 1mol/L）尿素的 0.1mol/L pH 4.4 的乙酸钠缓冲溶液洗脱，最后用 50mL 含 1mol/L NaCl 的 20mmol/L（pH 5.8）的磷酸钠缓冲溶液洗下米酒乳杆菌素 P。

1.3.4 乳酸菌细菌素的检测方法

乳酸菌细菌素的检测一般以单位体积或单位重量产品的抑菌活性的大小来衡量，乳酸菌细菌素的活性单位是用来定义每一种乳酸菌细菌素的生物活性大小的计算方法。乳酸菌细菌素活性单位，目前国际上通用的为 AU/mL 或 AU/g，具体测定方法如下：

①将提取的乳酸菌细菌素样品进行倍比稀释。

②在已灭菌的培养皿底层平铺适宜指示菌生长的固体培养基，待其凝固后，在其上摆好牛津杯。

③将指示菌按一定的比例加入 45~50℃适合指示菌生长的 5mL 指示菌半固体培养基中后，平铺在指示菌固体培养基上，待其冷却凝固后取出牛津杯。

④将倍比稀释后的乳酸菌细菌素样品 10μL 分别加入对应的牛津杯孔隙中，适宜温度下培养一定时间，培养完毕后测量抑菌圈的大小。

⑤将 2mm 作为抑菌圈大小的基本单位，将其活力单位定义为 AU/mL（或 AU/g）。其中将 AU 定义为能形成明显透明圈（2mm）的最大的稀释倍数。

这种乳酸菌细菌素的检测方法不仅简便，而且快速，已被国内外广泛采用。

1.4 乳酸菌细菌素的性质及应用

1.4.1 乳酸链球菌素（Nisin）

具有活性的乳酸链球菌素分子常是二聚体或四聚体，分子量约为 3510Da，分子式为 $C_{143}H_{228}N_{42}O_{37}S_7$，是由 34 个氨基酸组成的小肽。乳酸链球菌素在形成过程中首先形成由 57 个氨基酸组成前体肽，在前体肽的 N 端存在由 23 个氨基酸残基构成的信号肽，当信号肽在细胞表面被肽酶水解后，具有抑菌活性的乳酸链球菌素被释放出来。

乳酸链球菌素具有很强的热稳定性，在酸性条件下，100℃加热 10~15min 后乳酸链球菌素仍能保持 90% 以上的抑菌活性。乳酸链球菌素对高离子强度和低 pH 均具有较强的抗性，这主要是由于乳酸链球菌素分子具有较强的阳离子特性。在低 pH 时乳酸链球菌素分子的稳定性高，溶解度也大幅提高，这使得乳酸链球菌素具有很好的酸稳定性。在 pH 2.0 时，乳酸链球菌素经 115℃ 高压灭菌后是稳定的，但在 pH 5.0 时失去 40% 的抑菌活性，而 pH 6.0 时则失去 90% 的抑菌活性。乳酸链球菌素在 pH 2.5 时的溶解度为 12%，在 pH 5.0 时溶解度下降到 4%，而在中性和碱性条件下乳酸链球菌素几乎不溶解。

目前乳酸链球菌素已被广泛地应用在肉制品、乳制品、酒精饮料和罐装食品中。在许多国家，由于牧场远离人们的居住区，新鲜的牛奶一般需要经过长距离的运输。尤其在炎热的夏天，如果运输设备的冷却系统不足，就会造成大量鲜奶的腐败，而导致牛奶货架期缩短。经研究表明乳酸链球菌素可以起到抑菌杀菌和延长牛奶货架期的作用，在新鲜牛奶中添加 400IU/g 的乳酸链球菌素，可使其中的含菌数比未添加乳酸链球菌素的牛奶低 4 个对数周期，贮存期可达 11 天。

另外在肉制品应用中的研究表明，加入一定量的乳酸链球菌素，在不影响火腿色泽和防腐效果的情况下，可使火腿中的亚硝酸盐含量由原来的

150mg/kg 降低到 40mg/kg。目前，乳酸链球菌素作为干香肠和半干香肠的防腐剂已被美国联邦肉类检验法规许可，而且乳酸链球菌素已被普遍应用于香肠的生产中。

1.4.2 乳酸片球菌素

乳酸片球菌素的分子量为几千道尔顿，具有较强的热稳定性，而且也具有较强的耐酸性和耐有机溶剂的特性。乳酸片球菌素在冷冻、冷藏的条件下也能保持良好的生物活性。在乳酸片球菌素中目前对乳酸片球菌素 AcH 的研究较详细，乳酸片球菌素 AcH 是由 *Pediococcus acidilactici* H 产生的，分子量为 2700Da，具有较强的热稳定性，121℃处理 15min 后仍能保持抗菌活性。这种细菌素对无花果蛋白酶、胰蛋白酶、蛋白酶 K、木瓜蛋白酶和胰凝乳蛋白酶敏感。

乳酸片球菌素可抑制金黄色葡萄球菌、乳杆菌、明串珠菌、产气荚膜梭菌、单细胞增生李斯特氏菌和恶臭假单孢菌等，具有较广的抑菌谱，其作用机制是能够抑制细菌细胞 ATP 的合成，破坏营养物质的运输系统，最终导致细胞的自溶和死亡。

乳酸片球菌素对腐败微生物弯曲乳杆菌和单细胞增生李斯特氏菌等腐败和致病性微生物十分有效。在生鸡肉中，乳酸片球菌素可控制单细胞增生李斯特氏菌的生长，而且经烹饪后仍保留其抗菌活性。与乳酸链球菌素相比，乳酸片球菌素不仅对单细胞增生李斯特氏菌具有较强的抑制作用，而且对其他革兰氏阳性腐败和致病性细菌也有较好的抑制作用。

目前在乳酸片球菌素中已得到一定应用的是乳酸片球菌素 PA-1。含有乳酸片球菌素 PA-1 的发酵液已经作为商业产品使用，用于延长不同食品的货架期。将乳酸片球菌素 PA-1 用于发酵乳制品、发酵肉制品和发酵蔬菜中，不仅能抑制其他乳酸菌的生长，而且能抑制单细胞增生李斯特氏菌的生长。

将乳酸片球菌素少量接入干发酵香肠中，不仅降低了亚硝酸盐的用量，而且有效预防了肉毒梭状芽孢杆菌芽孢的萌发及肉毒毒素的产生。在肉制品中，乳酸片球菌素比乳酸链球菌素更稳定，无论在有氧还是无氧的条件下，乳酸片球菌素的添加都不会引起肉制品感官的变化。由于乳酸片球菌素和乳酸链球菌素的抑菌对象不同，并且具有优良的理化特性，因此将乳酸片球菌素和乳酸链球菌素共同应用作为生物防腐剂，这种抑菌对象的互补性可大大提高这两种生物防腐剂的应用范围和作用效果。

1.4.3 植物乳杆菌素

大部分植物乳杆菌素是具有阳离子性质的疏水性小分子肽类，具有一定的热稳定性。植物乳杆菌素经胰蛋白酶或胃蛋白酶作用后，其抑菌活性明显下降，而用过氧化物酶和淀粉酶处理则不能改变其抑菌活性。同时植物乳杆菌素具有较强的 pH 稳定性。下面介绍几种具有开发应用前景的植物乳杆菌素的用途及使用方法。

1.4.3.1 植物乳杆菌素 ST31

植物乳杆菌素 ST31（plantaricin ST31）是由 20 个氨基酸残基组成的分子量为 2755Da 的小肽。

植物乳杆菌素 ST31 可抑制多种乳酸菌的生长，如嗜热链球菌和片球菌等，因此植物乳杆菌素 ST31 适合在乳制品和肉制品中应用，以抑制腐败性和致病性微生物的生长和繁殖，延长乳制品和肉制品的货架期。

1.4.3.2 植物乳杆菌素 C

植物乳杆菌素 C（plantaricin C）是相对分子质量为 3500Da，由 27 个氨基酸组成的小肽。这种细菌素对不良环境的抵抗力强，在 pH 2.0~7.0 有较强的抑菌活性。

植物乳杆菌素 C 能抑制很多的革兰氏阳性细菌，例如葡萄球菌、芽孢杆菌和单细胞增生李斯特氏菌等。由于植物乳杆菌素 C 可以抑制和杀死肉制品中的很多革兰氏阳性致病性微生物，因此可广泛地应用于肉制品如发酵肉制品的加工中。

1.4.3.3 植物乳杆菌 G8 产生的细菌素

植物乳杆菌 G8 产生的细菌素具有较强的热稳定性（100℃，20min），易被蛋白酶 K、胰蛋白酶和胃蛋白酶失活，具有抑菌活性的 pH 范围为 4.0~5.5。

植物乳杆菌 G8 产生的细菌素不仅抗片球菌属、明串株菌属和乳杆菌属的一些菌株，而且能抑制一些非乳酸菌的革兰氏阳性细菌，但植物乳杆菌 G8 产生的细菌素对大肠杆菌等革兰氏阴性细菌无抑制作用。因此和其他植物乳杆菌细菌素一样，植物乳杆菌 G8 产生的细菌素可以在乳制品和肉制品中应用，以抑制其中腐败性和致病性革兰氏阳性细菌，延长乳制品和肉制品的货架期。

1.4.4 米酒乳杆菌素

1.4.4.1 米酒乳杆菌素 A

米酒乳杆菌素 A（sakacin A）具有很强的热稳定性，甚至在 100℃处理 20min 后抑菌活性也没有损失，而且在低温下也具有较强的稳定性。米酒乳杆菌素 A 也具有很强的 pH 稳定性，能在 pH 4~9 的条件下保持稳定。米酒乳杆菌素 A 由 41 个氨基酸组成，其分子量为 4.3kDa，氨基酸序列为：APSYGNGVYCNNKKCWVNRGWATQSIIGGMLSGWASGIAGM。

米酒乳杆菌素 A 的抑菌谱较窄，只能抑制革兰氏阳性细菌，能强烈地抑制米酒乳杆菌、单细胞增生李斯特氏菌、肠膜明串珠菌、粪肠球菌和弯曲肠杆菌等，但不能抑制其他革兰氏阳性和革兰氏阴性的腐败和致病性细菌如沙门氏菌和金黄色葡萄球菌等。

1.4.4.2 米酒乳杆菌素 G

米酒乳杆菌素 G（sakacin G）中也含有所有 Ⅱa 类细菌素所共有的 YGNGV 氨基酸序列，因此将米酒乳杆菌素 G 归属于 Ⅱa 类细菌素。米酒乳杆菌素 G 的分子量为 3.8kDa，由 *skgA1* 和 *skgA2* 组成的复合结构基因编码，其氨基酸序列为：KYYGNGBSCNSHGCSVNWGQAWTCGVNHLANGGHGVC。米酒乳杆菌素 G 具有很强的热稳定性，甚至在 100℃处理 20min 后活性也没有损失，而且在低温下也具有较强的稳定性，同时也具有很强的 pH 稳定性。

米酒乳杆菌素 G 的抑菌谱较窄，仅能抑制乳酸菌中的啤酒片球菌和米酒乳杆菌，另外与其他的 IIa 类细菌素相似的是米酒乳杆菌素 G 也能抑制粪肠球菌和单细胞增生李斯特氏菌。因此，米酒乳杆菌素 G 也适合应用于乳制品和肉制品中以抑制部分腐败性及致病性革兰氏阳性细菌的生长。

1.4.4.3 米酒乳杆菌素 P

米酒乳杆菌素 P（sakacin P）的分子量为 4.4kDa，由 41 个氨基酸组成，氨基酸序列为：KYYGNGVHCGKHSCTVDWGTAIGNIGNNAAANWATGWNAGG。米酒乳杆菌素 P 是一种 IIa 类细菌素。米酒乳杆菌素 P 的抑菌谱较窄，仅能抑制部分乳酸菌及单细胞增生李斯特氏菌，可以用在肉制品中抑制单细胞增生李斯特氏菌的生长繁殖。米酒乳杆菌素 P 具有很强的热稳定性，甚至在 100℃ 处理 20min 后抑菌活性也没有损失，而且米酒乳杆菌素 P 在低温下也具有较强的稳定性，同时米酒乳杆菌素 P 也具有很强的 pH 稳定性。

人们对米酒乳杆菌素 P 及其产生菌在冷切鸡肉中的应用效果进行了研究，结果表明米酒乳杆菌素 P 及其产生菌对单细胞增生李斯特氏菌有同样的抑制效果。添加纯化的米酒乳杆菌素 P 也能够抑制单细胞增生李斯特氏菌的生长。研究表明高剂量的米酒乳杆菌素 P（3.5μg/g）在 4 周的贮存过程中能抑制单细胞增生李斯特氏菌的生长，而添加低剂量的米酒乳杆菌素 P（0.012μg/g），则单细胞增生李斯特氏菌能以较低的速率生长。贮存 4 周后，添加低剂量米酒乳杆菌素 P 的样品中单细胞增生李斯特氏菌的数量比空白对照样品低两个数量级（2log）。当样品中添加高剂量的米酒乳杆菌素 P 时，在样品中贮存时间不超过 6 周时都能检测出这种细菌素，这个结果表明米酒乳杆菌素 P 在冷切鸡肉中是稳定的。因此米酒乳杆菌素 P 对控制乳制品、肉制品如冷切鸡肉中的单细胞增生李斯特氏菌有很好的应用前景。

1.5　乳酸菌细菌素的应用前景及存在的问题

1.5.1　乳酸菌细菌素的应用前景

1.5.1.1　在食品方面的应用前景

（1）在肉制品中的应用前景

由于肉制品本身的营养成分、水分活度和 pH 等环境条件的影响，容易滋生各种微生物。乳酸菌细菌素能抑制多种乳酸菌及革兰氏阳性腐败及致病性细菌的生长，如明串珠菌细菌素对乳球菌、单细胞增生李斯特氏菌和粪肠球菌都有抑制作用，米酒乳杆菌素（sakacin）能抑制单细胞增生李斯特氏菌的生长，乳酸片球菌素对产气荚膜梭菌、金黄色葡萄球菌、嗜水气单胞菌、单核细胞增生李斯特氏菌和恶臭假单胞菌都有抑制作用。乳酸菌细菌素在肉制品的应用中，既可以添加纯化后的细菌素，也可以直接将产细菌素的菌株作为发酵剂添加。将乳酸菌细菌素加入到肉制品中，不仅可降低肉制品的 pH，而且可以减少亚硝酸盐的用量，减少亚硝酸盐对人的危害，保证肉制品的安全性。还可以将产细菌素的乳酸片球菌应用于法兰克真空包装肠、土耳其香肠、维也纳真空包装肠和速食色拉等食品中以延长这些食品的货架期。因此乳酸菌细菌素在各种肉制品如熏猪肉、咸猪肉、罐装火腿、真空包装的新鲜牛肉和香肠等产品的加工和保藏方面有广阔的应用前景。

（2）在乳制品中的应用

乳制品在生产、贮存和加工过程中很容易受到多种微生物的污染。目前在乳制品中应用最多的乳酸菌细菌素是乳酸链球菌素。它对包括单核细胞增生李斯特氏菌和肉毒梭状芽孢杆菌在内的多种革兰氏阳性细菌均有抑制作用。除了乳酸链球菌素外，很多研究者也在筛选其他的一些具有优良特性的乳酸菌细菌素作为生物防腐剂。有研究表明采用少量的乳酸菌细菌素作为佐剂来生产奶油巧克力，能使消耗降低 80%，同时大幅度延长了产品的保质期。经实验证实，仅加入 30~50IU/mL 的乳酸链球菌素就可以使鲜奶的货架期延长一倍。原来在 37℃ 只能保存 3~7 天的乳制品，添加乳酸链球菌素后可以存放 21 天，同时使产品原有风味保持不变。崔建超研究向消毒奶中分别投放戊糖片球菌和嗜酸乳杆菌 Ind−1 产生的乳酸菌细菌素和乳酸菌菌体细胞，都能够有效地抑制有害细菌的生长，延长乳制品的保质期。

因此，乳酸菌细菌素在乳制品的加工和保藏方面有很好的应用前景。

（3）在酒品中的应用

乳酸菌细菌素能有效控制啤酒中片球菌和乳酸菌引起的腐败，但对啤酒的外观和风味等特性没有影响，同时不影响生长和发酵阶段啤酒酵母的存活率。乳酸菌细菌素在低 pH 和含有酒花物质的环境中，能够有效地抑制啤酒中几乎所有的革兰氏阳性腐败性细菌，但自身的抑菌活性不受影响，从而提高啤酒的生物稳定性。Rojo 等研究了焦亚硫酸钾和乳酸链球菌素对分离自酒品中的 107 种腐败性细菌的协同抑制效果，结果发现焦亚硫酸钾和乳酸链球菌素的合适配比能更有效地防止酒品的酸败变质。随着纯生啤酒的兴起和人们生活水平的不断提高，天然的食品生物防腐剂的应用正逐渐受到人们的重视，乳酸菌细菌素以其生理、微生物及应用技术上的优势必将会越来越受到人们的关注。

1.5.1.2 在医药方面的应用前景

近年来抗生素的过量服用和随之而来导致的抗生素的耐药性逐渐引起了人们的担忧。由于许多腐败性和致病性细菌逐渐产生了对某些抗生素的抵抗性，人们对将来如何控制这些腐败性和致病性细菌产生了很大的顾虑。由于乳酸菌细菌素是一类蛋白类物质，可以被各种蛋白酶所降解，因此具有较高的生物安全性。传统的多肽抗生素不存在结构基因，是由细胞多酶复合体催化形成的，而乳酸菌细菌素是由基因编码的，可以通过基因工程的手段对乳酸菌细菌素加以改造。所以，可以将乳酸菌细菌素应用于新型药物的开发。像乳酸链球菌素和对食源性病原菌有抑制和杀死作用的其他乳酸菌细菌素，目前被普遍认为是普通抗生素最有效的替代物。

（1）在治疗胃肠疾病方面的应用前景

研究表明乳酸菌细菌素能增强胃肠蠕动，促进胃液分泌，从而促进食物消化。对消化不良引起的腹泻、腹胀等也有明显的治疗效果。

乳酸菌细菌素是一种多肽类物质，被人体食用后，在消化道内可以很快被蛋白酶水解并吸收，因而不会影响肠道内的正常微生物菌体的存活。乳酸菌细菌素不仅能选择性杀死肠道致病菌，促进肠道内有益微生物的生长，而且能调节肠黏膜水分和电解质的平衡，改善肠道微环境，调节胃肠道菌群的平衡。

因此在临床上，乳酸菌细菌素对治疗因消化不良引起的腹泻、腹胀和胃肠炎等有广阔的应用前景。

（2）作为提高免疫力的药物

乳酸菌细菌素具有免疫调节作用，不仅能激活吞噬细胞酶的活性，促进机体的特异性与非特异性免疫物质的产生，而且能选择性杀死肠道内的腐败性和致病性细菌，促进有益微生物的生长。研究表明乳酸菌细菌素能刺激肠道产生免疫球蛋白 A，提高肠道免疫力，增强机体的细胞免疫和体液免疫。因此将乳酸菌细菌素作为药物使用，不仅能抑制有害微生物的生长，而且具有抗感染、增强免疫力和延缓衰老的功能，从而促进人体的健康。

（3）在妇科用药方面的应用前景

近年来，随着人们对乳酸菌细菌素的深入研究，乳酸菌及其细菌素在妇科用药方面也有了一定的应用。例如用乳酸菌活菌制成的阴道用制剂（如定菌生栓剂），这些乳酸菌的代谢产物如乳酸、过氧化氢和乳酸菌细菌素等抑菌物质不仅能保持阴道正常的酸性环境，而且可以杀死多种有害的病原微生物。在应用过程中，这些产品中的乳酸菌可补充阴道内正常的乳酸菌，调节阴道内菌群的平衡，同时这些乳酸菌产生的细菌素等物质可以抑制阴道中的有害细菌的生长。因此乳酸菌及其产生的细菌素可用于由菌群紊乱而引起的细菌性阴道炎等妇科疾病的治疗。

随着对乳酸菌细菌素性质和作用机理的进一步研究和基因重组技术的

进一步应用和发展，乳酸菌细菌素在医疗保健方面的应用必将更加广泛。

1.5.1.3 在养殖方面的应用

乳酸菌细菌素具有一定的抑菌谱，可防止动物饲料被沙门氏菌等致病性细菌污染，从而防止致病性细菌对动物的危害。在动物饲料中添加恰当的乳酸菌细菌素不仅可以防止动物受某些肠道致病性微生物的危害，同时不会影响动物肠道中其他有益微生物的生长和繁殖。

2008年，美国农业研究服务院（ARS）的科学家发现，由乳酸菌的产生的蛋白质类物质（细菌素）可抑制或杀死禽类小肠中的弯曲肠杆菌等病原性细菌。研究发现给鸡饲喂这种乳酸菌细菌素时，可以使弯曲肠杆菌的数量减少至百万分之一。另外研究也发现，如果将乳酸菌及其细菌素和抗生素进行合理的配比，也能在肉鸡养殖中取得良好的饲养效果。

综上所述，乳酸菌细菌素有很多优点，这些优点已经引起广大从事食品添加剂、乳酸菌、新药开发和益生菌等领域研究人员的极大兴趣。近年来多种新型的乳酸菌细菌素不断出现，关于新型乳酸菌细菌素的文献和专利也越来越多。在我国，乳酸菌的资源非常丰富，但我国对乳酸菌细菌素的研究起步较晚，除乳酸链球菌素外，目前我国对其他新型的乳酸菌细菌素还没有进行很好的基础开发应用研究。目前国内外的研究主要集中在新型乳酸菌细菌素产生菌株和高产菌株的筛选上，同时也有很多研究者在对已知的乳酸菌细素素的遗传因子进行鉴定并研究其结构基因的克隆和排序。因此在我国进行新型乳酸菌细菌素的研究，尤其是进行遗传特性、基因调控和生化等方面的研究不仅具有重要的理论和现实意义，而且具有广阔的应用前景。

1.5.2 乳酸菌细菌素存在的问题

乳酸菌细菌素以其高效、安全、无抗药性和无毒副作用等优点，已经引起广大从事饲料添加剂、食品防腐剂及医药开发人员的研究热情。但随着乳酸菌细菌素应用的推广以及不同行业对乳酸菌细菌素性质要求的不断提高，在乳酸菌细菌素的研究中还存在许多有待解决的问题。

①乳酸菌细菌素的产量普遍较低，且有些乳酸菌细菌素是由质粒编码，因此产量不稳定。

②乳酸菌细菌素普遍抑菌谱较窄，大部分乳酸菌细菌素只对革兰氏阳性细菌有抑制作用，而对革兰氏阴性细菌、酵母菌和霉菌则没有任何抑制作用。

③在不同的食品中，乳酸菌细菌素的溶解性和稳定性不同，一般只在偏酸的环境中才有抑菌活性。

因此，今后乳酸菌细菌素研究开发的重点主要集中在以下几方面：

①研究各类乳酸菌细菌素的作用机理、免疫机制以及结构和功能的关系。

②筛选新型高效广谱的乳酸菌细菌素产生菌，改进乳酸菌细菌素的稳定性和抑菌谱等生物学特性，以适用于工业化生产和在食品等领域中的实际应用。

③研究乳酸菌细菌素的发酵和提取新技术，提高乳酸菌细菌素的产量并降低生产成本，推动其在食品等领域中的应用。

2 新型广谱乳酸菌素米酒乳杆菌素 C2

2.1 产广谱细菌素乳酸菌的筛选鉴定及其生长条件研究

2.1.1 引言

乳酸菌因其悠久的应用历史和广泛的应用范围在食品工业中占有特殊的地位。细菌素是由细菌产生的具有抗菌活性的多肽或蛋白质，通常对与产生菌种属相近的其他细菌有抑制作用。由于大多数乳酸菌与食品的生产相关，由乳酸菌产生的细菌素由于其安全性高而引起了国内外研究者的广泛关注。目前允许在食品中使用和已工业化的细菌素只有乳酸链球菌素（Nisin）一种，但由于其抑菌谱较窄，只对某些革兰氏阳性细菌有抑制作用，而对革兰氏阴性细菌没有作用，同时适用的 pH 范围较窄，大大降低了其在食品中的应用范围和应用效果。因此从食品原料中分离、筛选产广谱细菌素的乳酸菌是十分必要的。

为此，本章从东北传统发酵酸菜中，以金黄色葡萄球菌和大肠杆菌为指示菌，在排除酸性产物和过氧化氢干扰的基础上，分离筛选产广谱细菌素的乳酸菌，并对其进行系统的个体形态、菌落形态、生理生化鉴定和 16S rDNA 分子生物学鉴定。

种子培养液是发酵的基础，菌种生长的基础培养基和初始 pH、培养方式、温度和时间等培养条件是影响发酵种子培养液中菌种活力的重要因素。因此在菌种筛选和鉴定的基础上，本章还对菌种生长的培养基和环境条件进行研究。

2.1.2 实验材料

2.1.2.1 待分离样品

供分离的样品来源于东北传统发酵酸菜。

2.1.2.2 指示菌

指示菌的种类及来源见表2-1。

表2-1　指示菌种类来源

指示菌	来源	G^+/G^-
金黄色葡萄球菌	ATCC 63589	G^+
大肠杆菌	ATCC 25922	G^-

2.1.2.3 培养基

（1）乳酸菌分离、保藏及发酵培养基

乳酸菌发酵培养基（MRS 液体培养基）：蛋白胨 10g，葡萄糖 5g，酵母浸粉 5g，牛肉膏 10g，乙酸钠 5g，$K_2HPO_4 \cdot 3H_2O$ 2g，柠檬酸三铵 2g，$MnSO_4 \cdot 4H_2O$ 0.25g，吐温 80 1mL，$MgSO_4 \cdot 7H_2O$ 0.58g，水 1000mL，pH 6.5，121℃灭菌 20min。

乳酸菌保藏培养基：在乳酸菌发酵培养基的基础上，加 15g 琼脂粉和 5g 碳酸钙。

乳酸菌分离培养基：同乳酸菌保藏培养基。

（2）指示菌培养基

营养肉汤液体培养基：牛肉膏 3g，NaCl 5g，蛋白胨 8g，水 1000mL，pH 7.4~7.6，121℃灭菌 20min。

营养肉汤固体培养基：在营养肉汤液体培养基中加入 15g 琼脂粉。

营养肉汤固体斜面培养基：同营养肉汤固体培养基。

营养肉汤半固体培养基：在营养肉汤液体培养基中加入 8g 琼脂粉。

（3）乳酸菌鉴别培养基

PY 培养基：胰蛋白胨 0.5g，蛋白胨 0.5g，酵母膏 1g，蒸馏水 100mL，

pH 7.0～7.2，盐溶液 4mL（$MgSO_4 \cdot 7H_2O$ 0.48g，无水 $CaCl_2$ 0.2g，$K_2HPO_4 \cdot 3H_2O$ 1.0g，$NaHCO_3$ 10.0g，KH_2PO_4 1.0g，NaCl 2.0g）。

PYG 培养基：在 PY 培养基内加入葡萄糖 0.1g，pH 6.2～6.4，112℃灭菌 30min。

明胶基础培养基：酵母提取物 1.0g，蛋白胨 1g，盐溶液 4.0mL，葡萄糖 0.1g，蒸馏水 100mL，pH 7.0。将拟分装的试管每管加入明胶 0.6g，再将上述配制煮沸后的培养液每管分装 5mL。113～115℃高压蒸汽灭菌 15～20min。

蛋白胨水培养基：NaCl 5g，蛋白胨 10g，蒸馏水 1000mL，pH 7.6，121℃灭菌 15min。

马尿酸钠培养基：牛肉膏 3g，马尿酸钠 1g，蒸馏水 100mL，pH 7.2～7.4，121℃灭菌 20min。

（4）种子培养基

MRS 培养基：同乳酸发酵培养基。

ATP 培养基：酵母浸粉 5g，蛋白胨 10g，$K_2HPO_4 \cdot 3H_2O$ 5g，柠檬酸钠 5g，吐温 80 1mL，葡萄糖 10g，$MnSO_4 \cdot 4H_2O$ 0.14g，NaCl 5g，$MgSO_4 \cdot 7H_2O$ 0.8g，pH 6.7～7.0，蒸馏水 1000mL，121℃灭菌 20min。

TEG 培养基：胰蛋白胨 10g，葡萄糖 10g，牛肉膏 6g，酵母浸提物 4g，$MnSO_4 \cdot 4H_2O$ 0.05g，吐温 80 2mL，$MgSO_4 \cdot 7H_2O$ 0.1g，蒸馏水 1000mL，pH 6.5，121℃灭菌 20min。

SL 培养基：酪蛋白胨 10g，柠檬酸三铵 2g，酵母浸提物 5g，乙酸钠 2.5g，$MgSO_4 \cdot 7H_2O$ 0.58g，葡萄糖 20g，$MnSO_4 \cdot 4H_2O$ 0.15g，$KH_2PO_4 \cdot 3H_2O$ 6g，吐温 80 1mL，蒸馏水 1000mL，pH 5.4，121℃灭菌 20min。

改良 MRS 培养基：葡萄糖 20g，牛肉膏 10g，蛋白胨 10g，乙酸钠 5g，酵母浸粉 5g，$K_2HPO_4 \cdot 3H_2O$ 2g，$CaCO_3$ 5g，$MgSO_4 \cdot 7H_2O$ 0.58g，柠檬酸三铵 2g，吐温 80 1mL，$MnSO_4 \cdot 4H_2O$ 0.25g，蒸馏水 1000mL，pH 6.5，121℃灭菌 20min。

2.1.2.4　主要仪器和设备

实验所用的主要仪器和设备见表2-2。

表2-2　主要仪器和设备

仪器名称	型号	生产厂家
生化培养箱	SHP-250	上海森信实验仪器有限公司
电热恒温水浴锅	DK-S24	上海森信实验仪器有限公司
电热恒温培养箱	DRP-9082	上海森信实验仪器有限公司
电热恒温鼓风干燥箱	DGG-9053	上海森信实验仪器有限公司
pH计	DELTA-320	上海梅特勒-托利多仪器有限公司
生物洁净工作台	BCN-1360	北京东联哈尔仪器制造有限公司
电子天平	AR-2140	上海梅特勒-托利多仪器有限公司
真空旋转蒸发器	RE-5298	上海亚荣生化仪器厂
可见分光光度计	722	上海精密仪器有限公司
立式压力蒸汽灭菌器	LDZX-75KBS	上海申安医疗器械厂
台式多管架离心机	TD5A	长沙英泰仪器有限公司

2.1.2.5　主要实验试剂

实验所用的主要试剂见表2-3。

表2-3　主要试剂

药品名称	规格	生产厂家
葡萄糖	分析纯	天津市科密欧化学试剂有限公司
蛋白胨	分析纯	北京奥博星生物技术有限公司
牛肉膏	分析纯	北京奥博星生物技术有限公司
酵母浸粉	分析纯	北京奥博星生物技术有限公司
$K_2HPO_4 \cdot 3H_2O$	分析纯	天津市大茂化学试剂厂
结晶乙酸钠	分析纯	天津市大茂化学试剂厂
$CaCO_3$	分析纯	北京红星化工厂
柠檬酸三铵	分析纯	天津市大茂化学试剂厂
$MgSO_4 \cdot 7H_2O$	分析纯	天津市大茂化学试剂厂
$MnSO_4 \cdot 4H_2O$	分析纯	北京五七○一化工厂

续表

药品名称	规格	生产厂家
吐温 80	分析纯	天津市科密欧化学试剂有限公司
琼脂粉	分析纯	天津市英博生化试剂有限公司
无水乙醇	分析纯	天津市北方化玻购销中心
NaCl	分析纯	天津市大茂化学试剂厂
过氧化氢酶	分析纯	Sigma 公司
胃蛋白酶	分析纯	Sigma 公司
胰蛋白酶	分析纯	Sigma 公司
蛋白酶 K	分析纯	Sigma 公司

2.1.3 实验方法

2.1.3.1 乳酸菌的分离纯化

将东北传统发酵酸菜汁用无菌生理盐水进行 10 倍梯度稀释至 10^{-6}，分别从 10^{-4}、10^{-5} 和 10^{-6} 稀释度的菌悬液中吸取 0.1mL 涂布于乳酸菌分离培养基上，30℃培养 1~2 天。挑取形成明显透明圈的单菌落，接种至乳酸菌保藏培养基斜面上，30℃培养 1~2 天后，在乳酸菌分离培养基上划线分离纯化后重新接种至乳酸菌保藏培养基斜面上，并在30℃培养 1~2 天，保藏于 4℃冰箱中。

2.1.3.2 产广谱细菌素乳酸菌的初步筛选

将斜面培养的乳酸菌分别编号并对应接入装有 50mL 乳酸菌发酵培养基的 150mL 三角瓶中，30℃发酵 24h，将发酵液 5000g 离心 15min 后，采用琼脂扩散法，检测各分离菌株的无细胞发酵上清液对金黄色葡萄球菌和大肠杆菌的抑菌程度，挑选对金黄色葡萄球菌和大肠杆菌均有明显抑制的分离菌株。

抑菌活性物质的检测采用琼脂扩散法（Agar Diffusion Assay），即首先在无菌平皿中加入 10mL 融化的营养肉汤固体培养基（下层），充分冷却后，放入已灭菌的牛津杯，按一定次序排列。将金黄色葡萄球菌和大肠杆菌的斜面菌种 1~2 环接种至营养肉汤液体培养基中，37℃培养 12h

后，取一定量（5μL）与融化并冷却至 45~50℃ 的营养肉汤半固体培养基（上层）相混合，然后倾注于下层培养基上，冷却后将牛津杯取出，分别向各孔洞里加入各分离菌株的无细胞发酵上清液 100μL，30℃ 培养 24h，然后采用游标卡尺测量形成的抑菌圈的大小，并以抑菌圈的大小为根据挑选对金黄色葡萄球菌和大肠杆菌有明显抑制作用的分离菌株。

2.1.3.3 产广谱细菌素菌株的确定

（1）中和法排除有机酸

将筛选出的对金黄色葡萄球菌和大肠杆菌有明显抑制作用的分离菌株，接种 1~2 环斜面保藏分离菌株在乳酸菌发酵培养基中，30℃ 发酵 24h，将发酵液 5000g 离心 15min 后，用 5mol/L 的 NaOH 将无细胞上清液的 pH 调至 6.0，并用乳酸和乙酸将未发酵的 MRS 液体培养基调至 pH 6.0 为空白对照，采用琼脂扩散法测定抑菌圈的大小。

（2）排除过氧化氢的影响

将过氧化氢酶溶解在 50mmol/L 的 pH 7.0 的磷酸缓冲液中，配成终浓度 50mg/mL 并加入待测菌株的无细胞发酵上清液中，使过氧化氢酶的终浓度为 5mg/mL，在 37℃ 水浴中保温 12h 后取出，以加入同样体积无酶液的磷酸缓冲液及同样水浴处理的无细胞发酵上清液为空白对照，采用琼脂扩散法检测过氧化氢酶对待测菌株无细胞发酵上清液抑菌活性的影响。

（3）抑菌物质的蛋白质本质的确定

将胃蛋白酶、蛋白酶 K 和胰蛋白酶和分别溶解在 3mmol/L 的 pH 7.0 的磷酸缓冲液中，配成终浓度 20mg/mL 的蛋白酶溶液，然后将其分别加入到待测菌株的无细胞发酵上清液中，使酶的终浓度为 3mg/mL，在 37℃ 水浴中保温 12h，以加入同样体积无酶液的磷酸缓冲液及同样水浴处理的无细胞发酵上清液（pH 调至 6.0）为空白对照，采用琼脂扩散法检测胃蛋白酶、蛋白酶 K 和胰蛋白酶和对待测菌株无细胞发酵上清液（pH 调至 6.0）抑菌活性的影响。

2.1.3.4　菌种鉴定

（1）菌种形态鉴定

对筛选出的菌种 C2 进行革兰氏染色观察。将菌种 C2 斜面菌种划线接种至乳酸菌分离培养基上，在 30℃培养 2~3d，观察菌落的形态、大小、质地和颜色等菌落特征。

（2）菌种生理生化鉴定

①过氧氢酶试验。将菌种 C2 接种于乳酸菌保藏培养基斜面上 30℃培养 24h，取一环菌体涂于干净的载玻片上，滴加 15%的过氧化氢溶液，若有气泡产生则为阳性反应，无气泡产生则为阴性反应。

②精氨酸产氨试验。在 PY 培养基中加入已配制好的 pH 7.0 的精氨酸溶液：灭菌后加 3 滴精氨酸溶液至 3mL 的 PY 培养基中。接种待试菌种 C2 于含精氨酸的培养基中，并同时接种菌种 C2 于不含精氨酸的培养基作为对照。将其置于 30℃培养 1~3d。取已生长好的菌种 C2 培养液少许置于比色盘中，加奈氏试剂（将 7g 碘化钾和 10g 碘化汞溶于 10mL 水中，然后将 24.4g 氢氧化钾溶于装有 70mL 水的 100mL 容量瓶中，冷却至室温后，将上述碘化钾和碘化汞溶液注入容量瓶中，边加边摇动。然后加水至容量瓶刻度，摇匀后，放置 2d 使用。试剂应置暗处，并保存在棕色玻璃瓶中。）数滴，当产氨时出现橙黄或黄褐色沉淀。含精氨酸培养基中的培养液与试剂的反应显示强于对照液才能认为是阳性反应。

③产 H_2S 试验。将菌种 C2 的新鲜培养物接种于乳酸菌发酵培养基中后，用无菌的镊子夹取乙酸铅纸条悬挂于试管内。下端接近乳酸菌培养基表面而不接触液面。试管上端用棉塞塞紧。置于室温培养，纸条变黑为阳性反应。

④V–P 试验。将菌种 C2 接种于 PYG 液体培养基中，取 1mL 生长 2 天的菌种 C2 培养物，在其中加入 0.2mL 的 40%氢氧化钾溶液和 0.6mL 的 6% α–萘酚–乙醇溶液，然后置于不加盖的试管中混合，并振荡 30min。如果显示红色为阳性，否则为阴性反应。

⑤从葡萄糖、葡萄糖酸盐产酸产气试验。在 PY 培养基中加入 0.5mL

的吐温 80 和 3% 葡萄糖，然后添加 6g 琼脂做成软琼脂柱，再加入 1.4mL 的 0.16g/L 的溴甲酚紫作为指示剂。然后用大量的菌种 C2 进行穿刺接种，30℃培养，如果培养基中的指示剂变成黄色表示产酸，如果在软琼脂柱内产生气泡表示产气。

⑥糖醇发酵试验。采用 PY 为基础培养基，在其中分别加入各种醇类和糖，浓度为 1% 或 0.5% 不等，然后加入 1.6g/L 的溴甲酚紫指示剂。接种后 30℃培养 1~2 天后，观察菌种 C2 是否产酸，若培养液为黄色则表示产酸阳性反应。

⑦耐盐性试验。在乳酸菌发酵培养基中加入 3%、7%、9%、12% 的 NaCl，30℃培养 24h 后，观察混浊程度判断耐盐性。

⑧马尿酸钠水解。取马尿酸钠培养基管，于液面处画一横线标记液面高度，然后将菌种 C2 接入其内，置 42℃培养 48h。先观察培养基液面是否降低，若已降低，需用蒸馏水补足至原体积，然后进行离心，沉淀菌种 C2 菌体，用无菌吸管吸取无细胞上清液 0.8mL，加入一空试管内，然后在其中加 0.2mL 三氯化铁试剂，立即混合。如果 10~15min 后出现红褐色沉淀，为马尿酸水解试验阳性反应，否则为阴性反应。

⑨淀粉水解实验。采用 PY 为基础培养基，加入 0.5% 的淀粉，121℃ 灭菌 15min。取已生长好的菌种 C2 培养液少许置于比色盘中，同时取未接种的培养液作为空白，然后分别在其中加鲁哥氏碘液，如果不显色表示水解淀粉，如显蓝黑色或蓝紫色时，表示不水解淀粉或淀粉水解不完全。

⑩七叶（苷）灵实验。采用 PY 为基础培养基，加入七叶（苷）灵使其最终浓度为 5g/L，121℃ 灭菌 15min。取已在七叶（苷）灵培养基中生长好的菌种 C2 少许置于比色盘中，同时取未接种的培养液为空白，分别在其中加柠檬酸铁试剂（5~10g/L 柠檬酸铁铵或柠檬酸铁溶液），如显黑色表示阳性，不显色为阴性。

⑪石蕊牛奶。取 8g 石蕊在 30mL 40% 乙醇中研磨，吸取上清液，然后加 40% 浓度的乙醇溶液到总量为 100mL，煮沸 1min，取用上清液制成石蕊溶液。将 4mL 的石蕊溶液加入 100mL 脱脂牛奶中制成石蕊牛奶。将石蕊牛

奶分装试管，高度 4~5cm。然后 113℃高压蒸汽灭菌 15~20min 后待用。

将菌种 C2 接种于石蕊牛奶中后 30℃培养 1~3 天后，观察产酸和凝固反应。

⑫明胶液化实验。将菌种 C2 接种于明胶基础培养基后 37℃培养，将已接种菌种 C2 培养和未接种菌种 C2 的对照试管置于冰箱或冷水中，对照管凝固后，观察实验结果。如对照管凝固时，接种管液化为阳性反应，同时凝固或液化为阴性反应。

⑬产生吲哚试验。将菌种 C2 接种于蛋白胨水培养基中，30℃培养 1~2 天，观察实验结果，取培养好的菌种 C2 试管，加入约 0.5mL 乙醚，振摇后，静置使其分层，再沿管壁加入约 0.5mL 的吲哚试剂，试剂呈玫瑰红色为阳性，否则为阴性。

⑭运动性试验。将菌种 C2 以穿刺方式接种于半固体琼脂培养基中，30℃培养 1~3 天后，记录观察实验结果，如果菌种 C2 只在穿刺线上生长，边缘十分清晰，则表示菌种 C2 无运动性，如果由穿刺线向四周呈云雾状扩散，则表示菌种 C2 有运动性，即为阳性。

⑮生长温度试验。将菌种 C2 接入乳酸菌液体培养基中，10℃、15℃和 45℃进行培养观察其生长情况。

（3）16S rDNA 菌种鉴定

采用 16S rDNA 进行菌种的鉴定。使用 TaKaRa 16S rDNA Bacterial Identification PCR Kit（Code No. D310），以 PCR primers：Forward/Reverse primer2 为引物，扩增目的片段。

PCR 反应条件如下：

$$94℃\quad 5min; \begin{cases} 94℃, 1min \\ 50{\sim}55℃, 1min \\ 72℃, 1.5min \end{cases} \times 30 \text{ 循环}; 72℃\quad 5min。$$

使用 TaKaRa Agarose Gel DNA Purification Kit Ver. 2.0（Code No. DV805A）切胶回收目的片段，取 1μL 进行琼脂糖凝胶电泳，以 Seq primers（Seq Forward：5′-GAGCGGATAACAATTTCACACAGG-3′；Seq Reverse：5′-CGC-

CAGGGTTTT CCCAGTCACGAC-3′; Seq Internal: 5′-CAGCAGCCGCGGTA-ATAC-3′) 为引物对回收产物进行 DNA 测序。将 DNA 测序结果与 NCBI 数据库对比,采用 Mega software 4.2 绘制菌种 C2 的系统发育树。

2.1.3.5 菌种生长条件的确定

(1) 种子液制备

挑取 1 环米酒乳杆菌 C2 斜面保藏菌种,接种于 MRS 液体种子培养基中,30℃ 静置培养 12h。

(2) 培养基种类对米酒乳杆菌 C2 生长的影响

将 1.5% (V/V) 的米酒乳杆菌 C2 的种子培养液分别接入 MRS、改良 MRS、ATP、TEG 和 SL 培养基中,在 30℃ 培养箱中静置培养 16h,每隔 2h 取样测定细胞培养液的 OD_{600}。

(3) 初始 pH 对米酒乳杆菌 C2 生长的影响

将 1.5% (V/V) 的米酒乳杆菌 C2 的种子培养液分别接入初始 pH 4.0、5.0、6.0、7.0、8.0 的改良 MRS 培养基中,在 30℃ 培养箱中静置培养 16h,每隔 2h 取样测定细胞培养液的 OD_{600}。

(4) 培养方式对米酒乳杆菌 C2 生长的影响

将 1.5% (V/V) 的米酒乳杆菌 C2 的种子培养液接入改良 MRS 培养基中,分别采用静置培养,50r/min 振荡培养和 150r/min 振荡培养,在 30℃ 下培养 16h,每隔 2h 取样测定细胞培养液的 OD_{600}。

(5) 培养温度对米酒乳杆菌 C2 生长的影响

将 1.5% (V/V) 的米酒乳杆菌 C2 的种子培养液接入改良 MRS 培养基中,分别在 20℃、25℃、30℃ 和 37℃ 下静置培养,每隔 2h 取样测定细胞培养液的 OD_{600}。

(6) 米酒乳杆菌 C2 生长曲线的测定

将 1.5% (V/V) 的米酒乳杆菌 C2 的种子培养液接入改良 MRS 培养基中,在初始 pH 7.0,30℃ 静置培养,以 MRS 培养基 16h,pH 6.5,30℃ 静置培养为对照,每隔 2h 取样测定细胞培养液的 OD_{600}。

2.1.4 结果与讨论

2.1.4.1 产广谱细菌素乳酸菌的初步筛选

将从东北传统发酵酸菜汁中分离出的 300 株分离菌株，在乳酸菌发酵培养基中发酵，采用琼脂扩散法从中筛选出 10 株对金黄色葡萄球菌和大肠杆菌均有明显抑制作用的菌株。以抑菌圈的大小表示其抑菌活性，实验结果见表 2-4。

表 2-4　初步筛选出的菌对金黄色葡萄球菌和大肠杆菌的抑菌活性

菌株号	对金黄色葡萄球菌的抑菌活性/mm	对大肠杆菌的抑菌活性/mm
G14	18.52	11.20
S16	15.70	11.18
S7	21.50	11.34
C2	18.50	14.54
C10	19.48	16.82
C24	25.76	15.20
C27	18.00	13.02
C33	26.20	18.56
C36	21.40	17.80
C39	28.00	19.00

注　抑菌圈直径包括牛津杯的直径 7.80mm。

2.1.4.2 产广谱细菌素菌株的确定

（1）中和法排除有机酸

乳酸菌在生长和代谢过程中会产生大量的代谢产物，其中有些物质对金黄色葡萄球菌和大肠杆菌有一定的抑制作用，如乳酸、乙酸等有机酸、过氧化氢及类细菌素类物质。因此要从初步筛选出的乳酸菌中确定产细菌素的菌株必须首先排除由有机酸引起的对指示菌的抑制作用。实验以未发酵的乳酸菌液体培养基用乳酸和乙酸分别调至 pH 6.0 为空白对照，将初筛菌株的无细胞上清液采用琼脂扩散法测定抑菌圈的大小，来获得排除有机酸后初筛菌株对指示菌的抑菌活性，实验结果见表 2-5。

表 2-5　初步筛选出的菌株排除有机酸后的抑菌活性

菌株号	对金黄色葡萄球菌的抑菌活性/mm	对大肠杆菌的抑菌活性/mm
乳酸空白对照	—	—
乙酸空白对照	—	—
G14	11.28	—
S16	10.60	—
S7	13.14	—
C2	15.10	12.34
C10	15.22	—
C24	11.62	—
C27	15.80	—
C33	11.20	—
C36	—	—
C39	—	—

注　"—"为没有抑制作用；抑菌圈直径包括牛津杯的直径 7.80mm。

由表 2-5 可以看出，将未发酵的乳酸菌发酵培养基用乳酸和乙酸分别将 pH 调节至 6.0 后对两种指示菌均没有抑制作用，将 pH 调至 6.0 后 C36 和 C39 对两种指示菌的抑制作用消失，说明在初步筛选中是由于有机酸导致的对指示菌的抑制作用。G14、S16、C10、S7、C24、C27 和 C33 对大肠杆菌的抑制作用消失，有可能产生的抑菌物质只抑制革兰氏阳性细菌，而对革兰氏阴性细菌没有抑制作用。只有 C2 对两种指示菌仍然有明显的抑制作用。

（2）排除过氧化氢的影响

由于有些属的乳酸菌在代谢过程中会产生过氧化氢，过氧化氢是一种强氧化剂，会抑制细菌的生长，因此在排除有机酸对指示菌的抑制作用后，必须排除过氧化氢的影响。实验结果见图 2-1。

由图 2-1 可以看出，经过氧化氢酶处理后，与空白对照相比，C2 菌株的无细胞发酵上清液抑菌活性没有显著的变化，因此，C2 菌株对指示菌的抑菌活性不是由过氧化氢引起的，而是由其他的抑菌物质引起的。

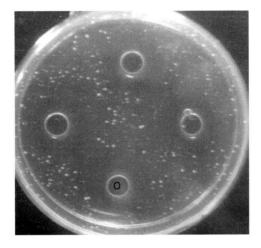

图 2-1　过氧化氢酶处理对无细胞上清液抑菌活性的影响

（"0"为空白对照）

（3）抑菌物质的蛋白质本质的确定

由图 2-2 可以看出经 3 种蛋白酶处理后，C2 无细胞发酵上清液抑菌活性消失。说明抑菌物质对蛋白酶敏感。

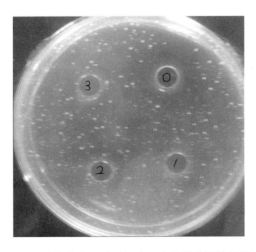

图 2-2　蛋白酶处理对无细胞上清液抑菌活性的影响

（0 为空白对照；1 为胃蛋白酶处理；2 为胰蛋白酶处理；3 为蛋白酶 K 处理）

实验结果表明 C2 无细胞发酵上清液在排除有机酸和过氧化氢的影响

后，仍然有较强的抑菌活性，并且抑菌物质对蛋白酶敏感，由此可初步确定这株菌产生的抑菌物质是类蛋白质类物质，即细菌素。

2.1.4.3 乳酸菌菌种鉴定

（1）菌体形态观察

将 C2 菌株的斜面保藏菌种进行革兰氏染色后油镜观察，结果见图 2-3。将 C2 菌株在 MRS 固体培养基表面划线培养，菌落形态见图 2-4。

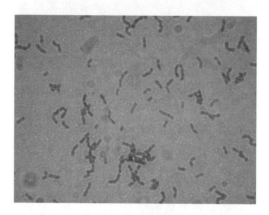

图 2-3　C2 菌株的显微照片（10×100 倍）

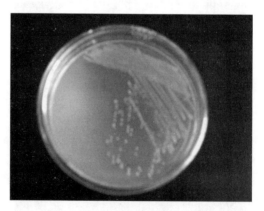

图 2-4　C2 菌株菌落形态

由图 2-3 可以看出，C2 菌株的菌体形态为类球杆形，不形成孢子，革兰氏染色阳性。由图 2-4 可以看出，C2 菌株的菌落直径为 1~2mm，呈圆形灰白色、光滑、凸起。

（2）菌种生理生化特征鉴定

由以上的菌体形态鉴定和生理生化实验鉴定，根据《乳酸菌分类鉴定及实验技术》和《伯杰细菌鉴定手册》可初步鉴定为米酒乳杆菌（表2-6）。

表 2-6　C2 菌株生理生化鉴定结果

实验指标	结果	实验指标	结果	实验指标	结果	实验指标	结果
厌氧生长	+	3%食盐	+	蔗糖	+	甘露糖	+
接触酶	−	V.P	+	葡萄糖	+	蜜二糖	+
运动	−	石蕊牛奶	+	葡糖酸盐	+	核糖	+
pH4.5	+	从精氨酸产 NH₃	−	乳糖	+	水杨苷	+
15℃生长	+	海藻糖产酸	+	麦芽糖	+	鼠李糖	−
硫化氢	−	半乳糖	+	木糖	−	淀粉	−
吲哚	−	阿拉伯糖	+	松三糖	−	山梨醇	−
明胶液化	−	纤维二糖	+	甘露醇	−	果糖	+
马尿酸钠水解	−	七叶灵	+	棉籽糖	−	从葡萄糖和葡萄糖酸盐产酸产气	+

（3）16S rDNA 鉴定

C2 菌株 PCR 产物的琼脂糖凝胶电泳见图 2-5。C2 菌株的系统发育树见图 2-6。

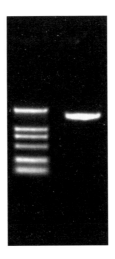

图 2-5　C2 菌株 PCR 产物的琼脂糖凝胶电泳

（DNA Marker DL2,000；1：C2）

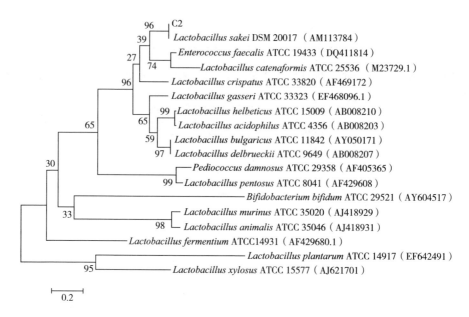

图 2-6 C2 菌株的系统发育树

（括号内为菌种的 GenBank 登录号，图中分支上的数字表示树形的可信度，0.2 表示遗传距离）

由菌株 C2 PCR 产物的琼脂糖凝胶电泳（图 2-5）可得到扩增出的目的产物的分子量为 1495bp。经测序后与 Genbank 中的已知的典型菌株的核心序列相比较，C2 菌株与 *Lactobacillus sakei* DSM 20017（AM113748）的相似性为 99%，因此 C2 菌株属于米酒乳杆菌。将 C2 菌株的核心序列递交 GenBank Submissions Staff 获得的接收号为 EU586177。因此将筛选出的乳酸菌命名为米酒乳杆菌 C2。

到目前为止，已经成功地从发酵肉制品和大麦芽中分离到几株产细菌素的米酒乳杆菌。据我们所知，这是第一株从发酵蔬菜中分离到的产细菌素的米酒乳杆菌。目前已知的米酒乳杆菌分泌的细菌素包括 L. sakei 2675 产生的 sakacin A；L. sakei 148 产生的 sakacin M；由 L. sakei 2525 产生的 sakacin P；由 L. sakei 2515 产生的 sakacin G。在 2000 年 O'Mahony 等从大麦芽中分离出 L. sakei 5，产生 3 种细菌素 sakacin P、sakacin X 和 sakacin T。目前的这些细菌素只提到其对部分乳酸菌和部分革兰氏阳性菌有抑制作用，未见有关于米酒乳杆菌素对革兰氏阴性菌有抑制作用的相关报道。而在本实验中筛选出来的米酒乳杆菌 C2 产生的细菌素不仅能抑制革兰氏阳性细菌金黄色葡萄球菌，也能抑制革兰氏阴性细菌大肠杆菌。这不同于目前已发现的几种米酒乳杆菌产生的细菌素。因此这种米酒乳杆菌是一种从发酵蔬菜中分离出来的新型米酒乳杆菌。

2.1.4.4 菌种生长条件研究

（1）培养基种类对米酒乳杆菌 C2 生长的影响

培养基是菌体生长的重要影响因素，乳酸菌常用的培养基主要有 MRS、改良的 MRS、ATP、TEG 和 SL 培养基等，实验考察了这些培养基对米酒乳杆菌 C2 生长的影响，实验结果见图 2-7。

由图 2-7 可以看出，在改良的 MRS 培养基中，发酵 12h 后米酒乳杆菌 C2 的菌浓度最大，改良的 MRS 培养基中无机盐、氮源、碳源等营养物质丰富，能够为米酒乳杆菌 C2 提供全面的营养物质，因此实验采用改良 MRS 作为米酒乳杆菌 C2 生长的最适培养基。

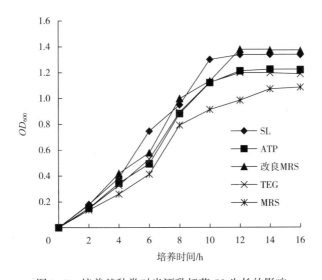

图 2-7 培养基种类对米酒乳杆菌 C2 生长的影响

（2）初始 pH 对米酒乳杆菌 C2 生长的影响

每种微生物都有它们各自的最适生长 pH 范围，实验考查了初始 pH 对米酒乳杆菌 C2 生长的影响，实验结果见图 2-8。

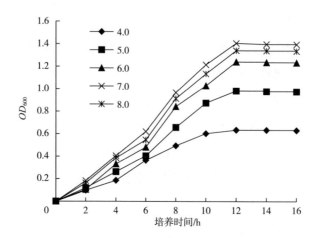

图 2-8　pH 对米酒乳杆菌 C2 生长的影响

由图 2-8 可见，在初始 pH 7.0 的培养基中，米酒乳杆菌 C2 的菌浓度最大。然后是初始 pH 8.0 和初始 pH 6.0 培养基，最差的是初始 pH 5.0 和初始 pH 4.0 的培养基。说明中性的初始 pH 条件有利于菌体的生长，因此以初始 pH 7.0 作为米酒乳杆菌 C2 生长的最适初始 pH。

（3）培养方式对米酒乳杆菌 C2 生长的影响

由图 2-9 可见，对米酒乳杆菌 C2 生长的培养方式进行研究，结果表明培养方式对菌体生长的影响不显著，因此从节省能源的角度考虑，以静置培养作为米酒乳杆菌 C2 生长的最适培养方式。

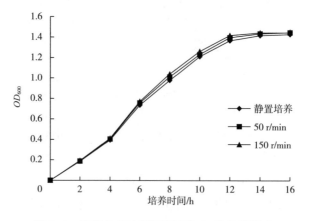

图 2-9　培养方式对米酒乳杆菌 C2 生长的影响

（4）培养温度对米酒乳杆菌 C2 生长的影响

由图 2-10 可见，温度是影响微生物生长繁殖的最重要因素之一，微生物生长有一个最适的生长温度。当温度过低，菌体的生长繁殖速率降低，当温度过高时，菌体易于衰老和死亡。由图 2-10 可见，当温度为30℃时，发酵 12h 后米酒乳杆菌 C2 的菌浓度最大，因此选择 30℃作为米酒乳杆菌 C2 生长的最适温度。

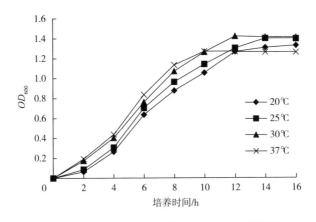

图 2-10　培养温度对米酒乳杆菌 C2 生长的影响

（5）米酒乳杆菌 C2 优化前后生长曲线的对比

通过以上实验确定了米酒乳杆菌 C2 生长的最佳培养基为改良 MRS 培养基，生长条件为初始 pH 7.0，30℃静置培养。在此条件和优化前的条件下（培养基 MRS，初始 pH 6.5，30℃静置培养），米酒乳杆菌 C2 的生长曲线见图 2-11。

由图 2-11 可见，在改良 MRS 培养基中，菌种在对数期的生长速率较未优化前有所加快，优化后的最大 OD_{600} 值为 1.431，较优化前的 MRS 培养基提高了 32.01%。

2.1.5　本章小结

①从中国东北传统发酵酸菜中分离出的 300 株产酸细菌中，在排除了有机酸和过氧化氢的影响后，筛选到一株发酵上清液对金黄色葡萄球菌和

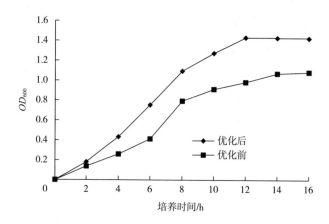

图 2-11　米酒乳杆菌 C2 的生长曲线

大肠杆菌有抑制作用菌株 C2。

②菌株 C2 的无细胞发酵上清液对蛋白酶敏感，由此可初步确定这株菌产生的抑菌物质是类蛋白质类物质，即细菌素。

③通过形态、生理生化特征和 16S rDNA 序列比对，C2 被鉴定为米酒乳杆菌。到目前为止，国内外已经成功地从发酵肉制品和大麦芽中分离到几株产细菌素的米酒乳杆菌。据我们所知，这是第一株从发酵蔬菜中分离到的产细菌素的米酒乳杆菌。

④实验结果初步表明米酒乳杆菌 C2 产生的这种细菌素的抑菌谱较广，不仅能抑制革兰氏阳性细菌金黄色葡萄球菌，也能抑制革兰氏阴性细菌大肠杆菌。而目前已发现的几种米酒乳杆菌产生的细菌素只对革兰氏阳性细菌有抑制作用。因此这株米酒乳杆菌产生的可能是一种新型广谱细菌素。

⑤研究了培养基种类、初始 pH、培养方式和培养温度对米酒乳杆菌 C2 菌体生长的影响，结果表明培养基种类、pH 和培养温度对米酒乳杆菌 C2 菌体生长的影响显著，培养方式对米酒乳杆菌 C2 菌体生长影响不显著。在此基础上确定了菌体生长的培养基为改良 MRS 培养基，培养条件为初始 pH 7.0，30℃静止培养 12h，在此条件下的 OD_{600} 值最大可达为 1.431，比优化前提高了 32.01%。

2.2 米酒乳杆菌素 C2 的分离纯化

2.2.1 引言

从东北传统发酵酸菜中，在排除有机酸和过氧化氢的基础上，筛选出一株发酵上清液对金黄色葡萄球菌和大肠杆菌均有抑制作用的米酒乳杆菌C2，而且发酵上清液的抑菌物质对蛋白酶敏感。可判断这种抑菌物质具有蛋白质的本质，即细菌素，将这种细菌素命名为米酒乳杆菌素C2。在发酵液中有多种培养基成分和细胞的代谢产物，在一定程度上会影响乳酸菌细菌素的活性，同时在发酵液中乳酸菌细菌素的活力较低，不适合进行应用，因此有必要研究米酒乳杆菌素 C2 的分离纯化工艺，为米酒乳杆菌素C2 性质和抑菌作用的研究及应用奠定基础。

目前提取纯化乳酸菌细菌素的常规方法主要有盐析法、有机溶剂沉淀法和凝胶过滤等方法。其中凝胶过滤所用的过滤介质是凝胶珠，其内部是多孔的网状结构，能将不同分子量的物质进行分离。高效液相色谱技术是通过不同物质在两相间的作用力不同而导致的保留时间不同而使得不同的物质相互分离的技术体系。目前高效液相色谱技术已应用在很多产品的分离上，但在国内乳酸菌细菌素的分离纯化上还没有被广泛应用。

乳酸菌发酵液中含有大量的杂蛋白、糖蛋白及多糖和多肽等物质，这些物质中很多成分和有待分离纯化的乳酸菌细菌素的性质和分子量很接近，因此乳酸菌细菌素的分离纯化是一项非常困难的工作，往往要通过多种方法，多个步骤来完成。

本章根据多肽及蛋白质的纯化方法首先采用活性炭进行脱色，采用有机溶剂来除去部分杂蛋白及分子量较大的多糖及糖蛋白等杂质，然后采用葡聚糖凝胶层析，将不同分子量大小的物质进行分离，最后根据不同物质的极性不同对米酒乳杆菌素 C2 进行纯化。通过这些方法联合使用进行米酒乳杆菌素 C2 的分离纯化，并测定其分子量的大小。这些研究可为米酒乳杆菌素 C2 的理化性质、抑菌机理及其应用研究奠定基础。

2.2.2 实验材料

2.2.2.1 菌种及指示菌

菌种：米酒乳杆菌 C2。

指示菌：金黄色葡萄球菌 ATCC 63856，实验室保藏菌种。

2.2.2.2 培养基

米酒乳杆菌 C2 发酵培养基。

MRS 液体培养基。

2.2.2.3 主要仪器和设备

实验所用的主要仪器和设备见表 2-7。

表 2-7　主要仪器和设备

仪器名称	型号	生产厂家
电热恒温培养箱	DRP-9082	上海森信实验仪器有限公司
旋转蒸发器	RE-5298	上海亚荣生化仪器厂
可见分光光度计	722	上海精密仪器有限公司
台式高速离心机	TGL-16G	北京医用离心机厂
超低温冰箱	-86L ULT Freezer	美国 Forma 公司
电泳仪	DYY-8C	北京六一仪器厂
凝胶成像系统	Gene Genius	美国 SYNGENE 公司
冷冻干燥机	ALPHA 1-4/LD	德国 CHRIS 公司
蠕动泵	BT00-100M	保定兰格恒流泵有限公司
紫外可见全波长扫描仪	UV-2401	日本 SHIMADZU 公司
液相色谱仪	PC-2025	天津兰博公司
电脑全自动部分收集器	DBS-100	上海沪西分析仪器厂
制备色谱分离系统	检测范围 190~800nm； 流量 0~25mL/min	大庆市三星机械制造公司

2.2.2.4 主要实验试剂

实验所用的主要试剂见表 2-8。

表 2-8 主要试剂

药品名称	规格	生产厂家
无水乙醇	分析纯	天津市北方化玻购销中心
Tris	分析纯	BBI 公司
SDS	分析纯	上海生工生物工程有限公司
丙烯酰胺	分析纯	Genview 公司
过硫酸铵	分析纯	天津北方化玻购销中心
N，N-亚甲基双丙烯酰胺	分析纯	Genview 公司
考马斯亮蓝 R-250	分析纯	USB
甲醇	分析纯	天津北方天医化学试剂厂
冰乙酸	分析纯	天津北方天医化学试剂厂
TEMED	分析纯	BBI 公司
活性炭	分析纯	天津市北方化玻购销中心
甘氨酸	分析纯	北京利科生化科贸有限公司

2.2.3 实验方法

2.2.3.1 脱色

（1）活性炭用量对脱色效果的影响

将米酒乳杆菌 C2 的无细胞上清液调 pH 6.0，真空旋转蒸发浓缩 5 倍。分别添加 0.5%（W/V）、1.5%（W/V）、2.5%（W/V）、3.5%（W/V）和 4.5%（W/V）的活性炭，30℃脱色 12h，以脱色率及细菌素的抑菌活性来衡量脱色效果。

（2）温度对活性炭脱色效果的影响

将米酒乳杆菌 C2 的无细胞上清液调 pH 6.0，真空旋转蒸发浓缩 5 倍。添加 3.5%（W/V）的活性炭；分别控制温度 30℃、40℃、50℃、60℃和 70℃，脱色 12h 后，以脱色率及细菌素的抑菌活性来衡量脱色效果。

（3）脱色时间对脱色效果的影响

将米酒乳杆菌 C2 的无细胞上清液调 pH 6.0，真空旋转蒸发浓缩 5 倍。添加 3.5%（W/V）的活性炭；控制温度 40℃，分别脱色 12h、14h、16h、18h、20h 和 22h，以脱色率及细菌素的抑菌活性来衡量脱色效果。

2.2.3.2 醇沉

将脱色后的细菌素浓缩一倍，测定抑菌活性，用无水乙醇进行醇沉，离心后将沉淀溶解于 50mL 水中，上清液用旋转蒸发除去乙醇。将沉淀溶解液与除去乙醇的上清液调至与浓缩液相同的体积，将 pH 调整至 6.0，以金黄色葡萄球菌为指示菌测定其抑菌活性。采用 Folin-酚法测定蛋白浓度。

2.2.3.3 葡聚糖凝胶层析

（1）Sephadex G50 的预处理、装柱及上样

将 Sephadex G50 的凝胶加蒸馏水浸泡 24h 进行充分溶胀后，首先漂洗 2~3 遍，以除去破碎及细小的颗粒，然后在 100℃下煮沸，以去除气泡。

将层析柱垂直装在铁架台上，需要在层析柱内留少量的蒸馏水，然后将凝胶缓慢沿着玻璃棒倒入层析柱内。打开出水口，使凝胶缓慢自然下沉，待凝胶全部下沉后，上面还需要留有 10cm 水柱。最后排除层析柱床面上层的水。

然后安装蠕动泵，用 3 倍层析柱柱床体积的蒸馏水冲洗凝胶，平衡层析柱。

将一定量的待分离的乳酸菌细菌素样品，加入层析柱柱床表面，打开蠕动泵，使乳酸菌细菌素样品进入凝胶柱内。待乳酸菌细菌素样品在层析柱柱床表面剩余一薄层时，关闭蠕动泵，加入少量蒸馏水，然后进行乳酸菌细菌素的洗脱。

（2）检测波长的确定

采用 Sephadex G50 对醇沉后的组分进行层析，采用琼脂扩散法检测各管的抑菌活性。对活性最大的组分进行紫外可见光全波长扫描，测定最大的吸收峰。

（3）柱层析条件的确定

①洗脱速度对分离效果的影响。分别采用 1.5mL/min、1.0mL/min 和 0.5mL/min，每管收集 2mL，上样量 3mL，样品浓度为 0.3g/mL，对醇沉后的样品进行洗脱，在 210nm 下测定各管的吸光值，并绘制洗脱曲线。

②上样量对分离效果的影响。分别采用上样量 5mL、3mL 和 1mL，洗脱速度 0.5mL/min，每管收集 2mL，样品浓度为 0.3g/mL。在 210nm 下测定各管的吸光值，并绘制洗脱曲线。

③样品浓度对分离效果的影响。分别采用 0.5g/mL、0.3g/mL 和 0.2g/mL 样品浓度，上样量 3mL，洗脱速度 0.5mL/min，每管收集 2mL。在 210nm 下测定各管的吸光值，并绘制洗脱曲线。

2.2.3.4　反向高效液相色谱分离

（1）流动相的确定

柱层析后取有抑菌活性的样液，稀释 20 倍后采用高效液相色谱分离纯化。

上样 2mL，上色谱前先用 0.22 微孔滤膜过滤，流速 1mL/min，210nm 检测。采用不同浓度甲醇和水的混合液，用高效液相色谱分离，确定适宜的甲醇浓度。

（2）色谱分离

色谱条件：流动相：50% 甲醇；上样 2mL，流速 1mL/min，波长 210nm，25℃，色谱分离柱 C18 柱。

2.2.3.5　纯度鉴定

Sephadex G50 葡聚糖凝胶过滤法：高效液相色谱分离后得到的活性组分，浓缩至 0.2g/mL，采用上样量 1mL，洗脱速度 0.5mL/min，每管收集 1mL。在 210nm 下测定各管的吸光值，并绘制洗脱曲线。

高效液相色谱法：将高效液相色谱分离后得到的活性组分，上样 2mL，流速 1mL/min，波长 210nm。

2.2.3.6　聚丙烯酰胺凝胶电泳（SDS-PAGE）

通过 SDS-PAGE 凝胶电泳测定细菌素的分子量。

（1）所需各溶液的配制（表2-9）

表2-9　溶液的配制

溶液	药品	加入量
样品缓冲液液	SDS 巯基乙醇 甘油 溴酚蓝 Tris	4% SDS 2%（V/V） 12%（V/V） 0.1% 50mmol/L pH 6.8，定容至100mL
凝胶缓冲液（3×）	Tris SDS	18.15g 0.15g pH 8.45，定容至50mL
3C丙烯酰胺储存液	丙烯酰胺 双丙烯酰胺	24g 0.75g 定容至50mL
5C丙烯酰胺储存液	丙烯酰胺 双丙烯酰胺	23.5g 1.25g 定容至50mL
正极缓冲液（5×）	Tris	60.57g 盐酸调pH8.9，定容250mL
负极缓冲液	Tris Tricine SDS	6.055g 8.958g 0.5g 50mL
尿素	尿素	36.5%（W/V）

（2）SDS-PAGE电泳步骤

①分离胶（20mL，10%）配制。5C丙烯酰胺储存液3mL，凝胶缓冲液（3×）3mL，尿素3.24mL，TEMED 4.5μL，10%过硫酸铵45μL，充分混匀。

②浓缩胶（10mL，5%）配制。3C丙烯酰胺储存液0.6mL，凝胶缓冲液（3×）1.86mL，水2.54mL，TEMED 5μL，10%过硫酸铵50μL，充分混匀。

③灌胶。首先用蒸馏水清洗胶板后，然后将分离胶灌入，至短玻璃上沿 6~7cm，加 0.5~1cm 的水水封；静置 30min 至胶聚合完全；倒出水封层，用负极缓冲液润洗胶面，用滤纸吸干多余的水分后，灌入浓缩胶，然后插梳子，至聚合完毕。

④点样。在电泳槽中加入电极缓冲液，然后拔出梳子，用电极缓冲液清理胶孔。将细菌素样品与上样缓冲液 1∶1 混合，沸水浴 5min。用微量注射器将细菌素和上样缓冲液的混合物加入胶孔中。

⑤电泳。上槽接负极，下槽接正极。细菌素待测样品进入分离胶前，首先将电泳仪电压设定为 200V，电流设定为 20mA。当指示剂电泳至距离下沿 1cm 左右时停止。将胶剥离，进行染色。

（3）考马斯亮蓝染色

①所需各溶液的配置。染色液：将 0.25g 考马斯亮蓝 R250 溶解在 10mL 冰乙酸和 90mL 甲醇∶水（1∶1，V/V）的混合液中，用 Whatman 1 号滤纸过滤以去除颗粒状杂质。

脱色液：不加考马斯亮蓝的上述甲醇-乙酸溶液。

②染色步骤。将一半的胶用来染色，用 5 倍体积的染色液浸泡凝胶，放在平缓振荡的平台上于染色 4h 以上。

将凝胶浸泡于甲醇-乙酸脱色液中，平缓摇动 4~8h，在脱色过程中需要更换脱色液，直至凝胶板蛋白质染色条带清晰为止。

将经过脱色后的胶浸泡于水中，对已染色的凝胶用凝胶成像系统进行拍照。

（4）电泳条带细菌素本质的验证

将一半的胶用来染色测定分子量，另一半含有细菌素电泳条带的胶用来进行细菌素活性分析，将这部分胶用蒸馏水漂洗，用接种 1%过夜培养的金黄色葡萄球菌的营养肉汤软琼脂覆盖，30℃培养 18~24h。

2.2.3.7 检测方法

（1）Folin-酚法测定蛋白含量

①溶液的配制。标准酪蛋白溶液：用 0.1mol/L 氢氧化钠溶液，将 125mg

酪蛋白粉末润湿溶解，然后加蒸馏水至250mL，最终配成500μg/mL的标准酪蛋白溶液。

Folin-酚试剂甲：由4种溶液配制而成：0.2mol/L氢氧化钠溶液，4%碳酸钠溶液，2%酒石酸甲钠溶液，1%硫酸铜（$CuSO_4 \cdot 5H_2O$）溶液。

使用前，将氢氧化钠溶液和碳酸钠溶液等体积混合，将酒石酸甲钠溶液和硫酸铜溶液等体积混合，将这两种溶液按50：1的比例混合，即为Folin-酚试剂甲。该试剂过期失效，只能用一天，应现用现配。

Folin-酚试剂乙：在2L磨口回流烧瓶中，加入25g钼酸钠（$Na_2MoO_4 \cdot 2H_2O$）、100g钨酸钠（$Na_2WO_4 \cdot 2H_2O$）及700mL蒸馏水，再加100mL浓盐酸和50mL 85%磷酸，充分混合，接回流管，回流10h，回流结束后，加入50mL蒸馏水、150g硫酸锂及数滴液体溴，继续沸腾15min。冷却后溶液呈黄色（呈绿色则必须再重复滴加液体溴）。稀释至1L，过滤，将滤液置于棕色试剂瓶中保存。使用时用酚酞作指示剂，用标准NaOH滴定，然后加1倍水稀释，使最终的酸浓度为1mol/L。

②标准曲线的制作。在试管中分别加入标准酪蛋白溶液，使蛋白浓度分别为0、100μg/mL、200μg/mL、300μg/mL、400μg/mL、500μg/mL（即分别加入0、0.20mL、0.40mL、0.60mL、0.80mL、1.00mL的标准酪蛋白溶液），并用水补足至1.00mL，对于以上每种浓度平行做3份样品，然后按顺序向各管加入5mL Folin-酚甲试剂，混匀。在室温下放置10min后，再依次向各试管加入0.5mL Folin-酚乙试剂，摇匀，在室温下放置30min后，采用722型分光光度计，在540nm下比色测定吸光度。看3个平行样品是否接近，如果比较接近取其平均值。然后以酪蛋白溶液浓度为横坐标，光密度为纵坐标，绘制出酪蛋白的标准曲线（图2-12）。

③样品的测定。取两支试管，在其中各加入0.2mL的细菌素样品稀释液，应使细菌素样品中的蛋白质的含量在所制备的酪蛋白标准曲线的范围之内，然后加入0.8mL的蒸馏水使待测样品的总体积为1mL。其他的操作方法与"标准曲线的制作"相同。

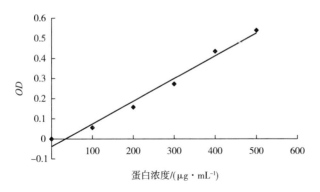

图 2-12　蛋白含量标准曲线

（2）效价的测定

采用二倍稀释法测定米酒乳杆菌细菌素样品，然后将已知效价的米酒乳杆菌细菌素样品分别稀释成 0.1、0.2、0.3、0.4、0.5、0.6、0.7、0.8和 0.9，将未稀释的细菌素样品（即浓度为 1 的发酵液）和 9 种稀释样品各取 20μL 加于制备好的平板中，每个浓度重复 3 个平板，记录抑菌圈直径（图 2-13）。然后以测定的抑菌圈直径的平均值为横坐标，以对应的细菌素效价值对数为纵坐标，绘制细菌素效价标准曲线。待测样品测定抑菌圈直径后，计算得到细菌素的效价（图 2-14）。

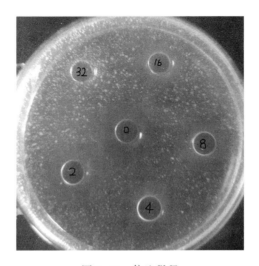

图 2-13　倍比稀释

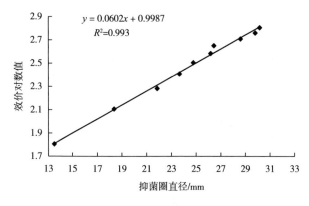

图 2-14　细菌素效价标准曲线

（3）色度的测定

将细菌素样品脱色前和脱色后的样品稀释 5 倍于玻璃比色皿中，在 450nm 波长下测定其吸光度值。

脱色率计算公式如下：

$$脱色率 = \frac{A_1 - A_2}{A_1} \times 100\%$$

式中：A_2——脱色后细菌素发酵液色度；

　　　A_1——脱色前细菌素发酵液色度。

2.2.4　结果与讨论

2.2.4.1　活性炭脱色

（1）活性炭用量对细菌素脱色效果和抑菌活性的影响

活性炭是目前制糖及发酵产品生产中常用的脱色剂之一，由于活性炭颗粒表面有大量的孔隙，因此能够吸附糖液及发酵产品中与活性炭孔隙孔径相当的分子量大小的色素。但同时对细菌素也有一定的吸附作用。以脱色率和抑菌活性为指标，考察活性炭用量对发酵浓缩液脱色的影响，实验结果见图 2-15。

由图 2-15 可知，随着活性炭加量的增大脱色率逐渐增大，抑菌活性逐渐减小，说明在活性炭吸附色素物质的同时对细菌素也有吸附作用。但当活性炭的加量大于 3.5%（*W/V*）时脱色率增大的幅度减小，但抑菌活性降低幅度较大。因此综合考虑活性炭的适宜用量为 3.5%（*W/V*）。

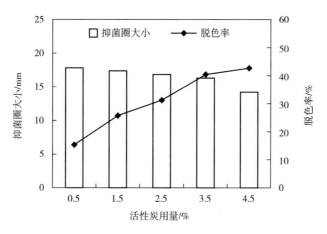

图 2-15　活性炭用量对脱色效果和抑菌活性的影响

（2）脱色温度对细菌素脱色效果和抑菌活性的影响

由图 2-16 可知，脱色温度对细菌素的抑菌活性和脱色效果均有显著的影响，随着脱色温度的提高，脱色率逐渐增大，而抑菌活性逐渐降低。当脱色温度小于 40℃ 时，温度对细菌素的抑菌活性影响不显著，当温度大于 40℃ 时，细菌素的抑菌活性显著降低。因此选择脱色温度为 40℃。

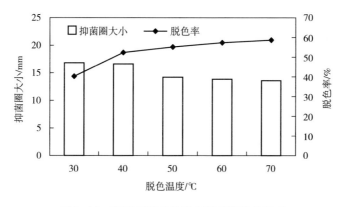

图 2-16　温度对脱色效果和抑菌活性的影响

（3）脱色时间对细菌素脱色效果和抑菌活性的影响

由图 2-17 可以看出，随着时间的延长，脱色率逐渐增大，细菌素抑菌活性逐渐降低，超过 20h 时脱色率增大幅度较小。因此，因此综合考虑脱色效果和减少抑菌活性的损失，选择最佳的脱色时间为 20h。

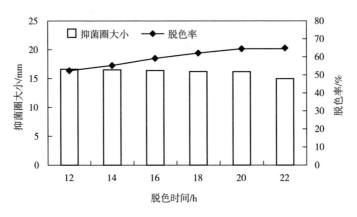

图 2-17　脱色时间对脱色效果和抑菌活性的影响

通过活性炭脱色实验确定了活性炭的用量为 3.5%，40℃，20h，在此条件下脱色率达 64.5%，细菌素抑菌活性损失 17.5%。

2.2.4.2　醇沉条件的确定

可采用硫酸铵盐析、三氯乙酸和乙醇、丙酮等有机溶剂沉淀除去发酵液中的大分子杂质。但盐析后的样品中会残留大量的盐分，不易去除，而醇沉后的乙醇较易去除，同时乙醇的安全性较高。因此实验采用醇沉来除去大分子杂质。由表 2-10 可看出，细菌素存在于醇沉后的上清液中，随乙醇浓度的增加，抑菌活性稍有降低，这是由于沉淀中会携带有少量的抑菌物质，当乙醇浓度增加到 90% 时，上清液抑菌活性降低幅度较大。沉淀中的蛋白含量随乙醇浓度的增大而提高，这表明除杂效果也逐渐提高。因此综合考虑选择适宜的乙醇浓度为 80%。在实验过程中发现乙醇沉淀后的沉淀颜色深，说明乙醇在除去杂蛋白的同时，也有一定的脱色作用。

表 2-10　乙醇终浓度对除杂效果的影响

乙醇终浓度/%	上清液抑菌活性/mm	上清液蛋白含量/(mg·mL⁻¹)	沉淀中的抑菌活性/mm	沉淀中的蛋白含量/(mg·mL⁻¹)
60	19.32	40.975	—	13.267
70	19.12	38.183	—	17.142
80	18.98	33.150	—	25.392
90	17.50	31.308	—	27.642

2.2.4.3　Sephadex G-50 柱层析条件的确定

（1）检测波长的确定

将醇沉后的样品 3mL 上柱，用蒸馏水洗脱，每管收集 2mL，采用琼脂扩散法，以金黄色葡萄球菌为指示菌检测各管的抑菌活性，实验结果见图 2-18。对活性最大的管进行全波长扫描，见图 2-19。

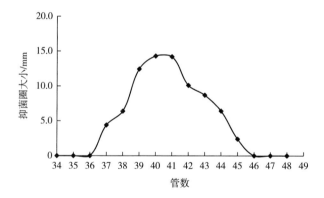

图 2-18　Sephadex G50 柱层析得到的各组分的抑菌活性

由图 2-19 可知，层析后活性最大的组分的最大吸收波长为 210.5nm，这与肽键的吸收波长一致。因此确定了柱层析分离过程中采用的检测波长为 210nm。

（2）柱层析条件的确定

①洗脱速度对分离效果的影响。层析过程中的洗脱速度影响各组分的分离效果。因此实验考察了洗脱速度对各组分分离效果的影响，实验结果见图 2-20～图 2-22。

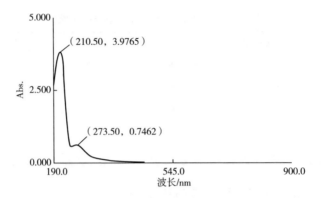

图 2-19　抑菌活性最大的管的紫外可见光全波长扫描图

由图 2-20~图 2-22 的洗脱曲线可知，较快的流速下得到的洗脱峰宽，降低流速后洗脱峰变窄。这说明了低流速下样品分离效果较好。因此选择适宜的洗脱流速为 0.5mL/min。

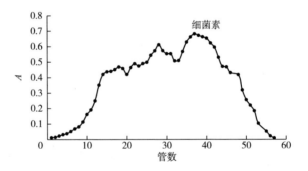

图 2-20　1.5mL/min 的洗脱曲线

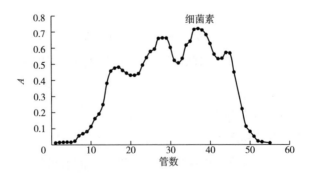

图 2-21　1.0mL/min 的洗脱曲线

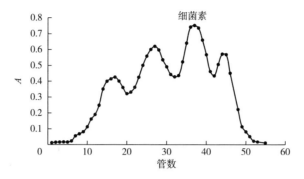

图 2-22 0.5mL/min 的洗脱曲线

②上样量对分离效果的影响。上样量也会影响到层析的过程中各组分的分离。上样量过大会使各组分的洗脱峰容易重叠，样品中的各组分不易完全分开。为此实验考察了上样量对 Sephadex G-50 凝胶层析过程中各组分分离效果的影响。实验结果见图 2-23 ~ 图 2-25。

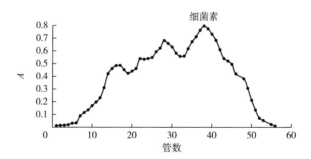

图 2-23 上样量 5mL 时的洗脱曲线

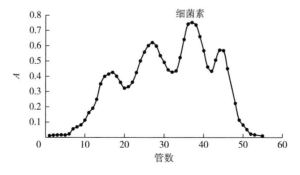

图 2-24 上样量 3mL 时的洗脱曲线

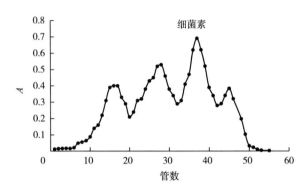

图 2-25　上样量 1mL 时的洗脱曲线

由图 2-23～图 2-25 可知，当上样量为 5mL 时，各组分不能完全分开，当上样量为 1mL 和 3mL 时，样品分离效果较好，但上样量小时，最终样品的收得率较低，因此较适宜的样品上样量为 3mL。

③样品浓度对分离效果的影响。在凝胶层析的过程中，待分离的样品的浓度与分配系数一般无关，因此样品浓度可以适当提高。但对于分子量较大且黏度较大的物质，为了提高分离效果，应适当降低样品的浓度。因此实验考察了样品浓度对各组分分离效果的影响。实验结果见图 2-26～图 2-28。

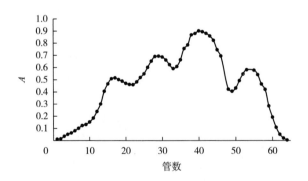

图 2-26　样品浓度 0.5g/mL 时的洗脱曲线

由图 2-26～图 2-28 可以看出，样品浓度对细菌素的分离效果也有显著影响。当样品浓度为 0.5g/mL 时，洗脱曲线上的各样品不能很好的分

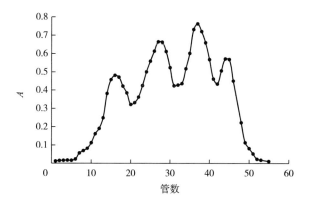

图 2-27　样品浓度 0.3g/mL 时的洗脱曲线

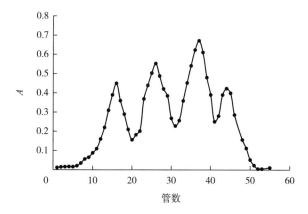

图 2-28　样品浓度 0.2g/mL 时的洗脱曲线

离，当样品浓度降低时，样品能进行较好的分离。因此适宜的样品浓度为
0.2g/mL。

2.2.4.4　反向高效液相色谱分离

（1）液相色谱流动相的确定

对于蛋白质和肽的高效液相色谱的分析检测常用的流动相主要是甲醇
和乙腈。在这两种流动相中蛋白质和肽能进行很好的分离。由于在制备色
谱中流动相的用量大，色谱纯的甲醇与乙腈相比价格低，而且毒性小。因
此实验以 50% 和 90% 的甲醇水溶液进行细菌素制备色谱的分离。实验结果
见图 2-29 和图 2-30。

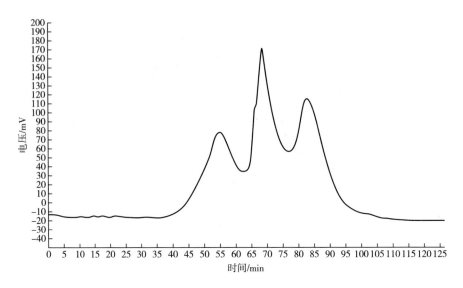

图 2-29　50%甲醇水溶液的液相色谱图

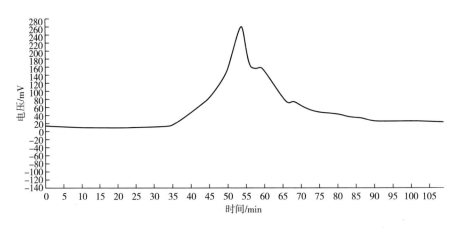

图 2-30　90%甲醇水溶液的色谱图

由图 2-29 和图 2-30 可以看出，50%的甲醇水溶液为流动相时，各组分能进行很好的分离。而 90%的甲醇水溶液为流动相时，样品分离效果较差。

（2）高效液相制备色谱分离

由图 2-29 细菌素 35min 后开始出峰值，第一峰在 50min 左右，有抑菌活性，收集此峰，真空冷冻干燥。

2.2.4.5 分离纯化结果

分离纯化结果见表 2-11。

表 2-11 细菌素各纯化步骤的纯化效果

纯化步骤	体积/ mL	细菌素效价/ （AU·mL⁻¹）ᵃ	蛋白浓度/ （mg·mL⁻¹）	比活力/ （AU·mg⁻¹）	产量/ %	纯化 倍数
发酵液	1000	31	11.7	2.65	100.0	1.00
活性炭脱色	200	128	35.6	3.51	82.5	1.32
乙醇沉淀	90	266	29.8	8.93	77.2	3.37
凝胶层析	8	2011	60.2	33.41	51.9	12.95
高效液相色谱	3	2945	29.8	98.82	28.5	38.60

由表 2-11 可以看出，经过凝胶层析后细菌素的产量较低，但纯化倍数较高。经过凝胶层析后，细菌素的产量为 51.9%，纯化倍数达到 12.95，经过高效液相色谱纯化后，产量仅为 28.5%，但纯化倍数达到了 38.60。这也说明了凝胶层析和高效液相色谱适合于细菌素的纯化，但不适合作为工业化的提取方法。而经活性炭脱色和乙醇沉淀后，细菌素的损失较小，同时也达到了一定的纯化倍数，可满足细菌素提取的要求。

2.2.4.6 纯度鉴定

采用 Sephadex G50 葡聚糖凝胶过滤法和高效液相色谱法对纯化后的细菌素进行鉴定。实验结果见图 2-31 和图 2-32。

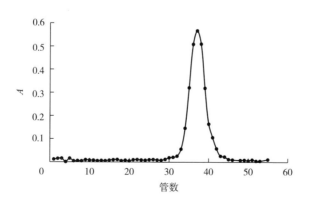

图 2-31 纯化的细菌素的 Sephadex G50 凝胶洗脱曲线

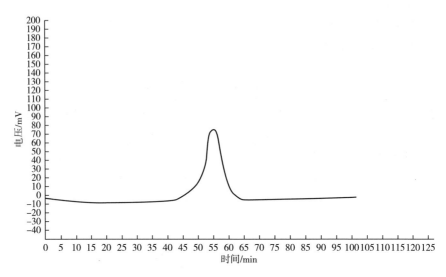

图 2-32 纯化细菌素的高效液相色谱图

由图 2-31 和图 2-32 可以看出，Sephadex G50 葡聚糖凝胶过滤法和高效液相色谱法测定细菌素为单一峰，表明细菌素为单一组分。

2.2.4.7 聚丙烯酰胺凝胶电泳（SDS-PAGE）测定细菌素的分子量

将高效液相色谱分离纯化的经真空冷冻干燥后的样品，适当稀释后，通过 SDS-PAGE 垂直板电泳分析，从而测定纯度和分子量，实验结果见图 2-33。

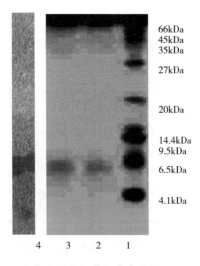

图 2-33 纯化米酒乳杆菌细菌素的 SDS-PAGE 电泳

泳道 1 低分子量蛋白 mark，2、3 为纯化的细菌素样品，4 为接种 1%过夜培养的金黄色葡萄球菌 ATCC 63589 的营养肉汤软琼脂覆盖的胶。

从图 2-33 中可以看出，细菌素样品电泳后只有一条清晰的带。同时没有被染色的胶在细菌素条带的位置有抑菌条带出现，这证明了纯化后电泳得到的条带为米酒乳杆菌素 C2 的条带。

通过标准蛋白的相对迁移率对相应蛋白分子量的对数做图，得到分子量分布标准曲线，如图 2-34 所示。

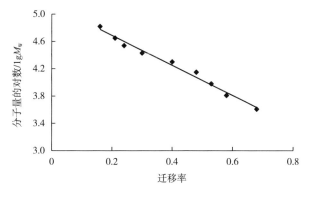

图 2-34　分子量标准蛋白曲线

由图 2-34 测得米酒乳杆菌素 C2 的相对迁移率 Rf 为 0.632，通过计算得出其相对分子量为 5.5kDa。

自 1992 年以来，从肉制品和麦芽中已分离出几株产细菌素的米酒乳杆菌。它们产生的细菌素的分子量在 3.8~4.6kDa。其中包括 Holck 等分离出的 *Lactobacillus sake* Lb706 产生的分子量为 4.3kDa 的 sakacin A；Simon 等分离出的 *Lactobacillus sake* 2512 产生的分子量为 3.8kDa 的 sakacin G；Sobrino 等分离出的 *Lactobacillus sake* 148 产生的分子量为 4.6 的 sakacin M；Vaughan 等分离出的 *Lactobacillus sakei* 5 产生的分子量为 4.3kDa 的 sakacin 5X 和分子量为 4.1kDa 的 sakacin 5T。从东北传统发酵酸菜中分离出的 *Lactobacillus sakei* C2 产生的 sakacin C2 的分子量为 5.5kDa，这些进一步证明

了这是一种由米酒乳杆菌产生的新型细菌素。

2.2.5 本章小结

①细菌素发酵液呈棕黄色，首先采用活性炭进行脱色，以脱色率及细菌素的抑菌活性为指标，对活性炭的用量、脱色温度和脱色时间对脱色效果的影响进行研究，并确定了脱色的最佳工艺条件为：活性炭的用量为 3.5%（W/V），脱色温度 40℃，脱色时间 20h，在此条件下脱色率达 64.5%。

②采用醇沉来除去大分子杂质。结果表明随乙醇浓度的增加，抑菌活性稍有降低，当乙醇浓度增加到 90% 时，上清液抑菌活性降低幅度较大。沉淀中的蛋白含量随乙醇浓度的增大而提高，实验确定了适宜的乙醇沉淀浓度为 80%。同时乙醇在除去杂蛋白的同时，也有一定的脱色作用。

③采用 Sepadex G50 凝胶柱层析对醇沉后的活性组分进行分离，对活性最大的组分进行紫外可见全波长扫描，确定了层析中样品的检测波长为 210nm。Sepadex G50 凝胶柱层析过程中的洗脱液流速，上样量和样品的浓度影响分离的效果。洗脱流速为 0.5mL/min，上样量 3mL，样品的浓度 0.2g/mL 时细菌素样品能进行很好的分离。

④以一定浓度的甲醇水溶液进行细菌素制备色谱的分离。甲醇的浓度对分离效果影响显著。50% 的甲醇水溶液能得到 3 个完全分离的组分，收集活性组分通过 Seperdex G50 和色谱进行纯度鉴定，结果表明纯化后的物质为单一组分。

⑤通过 SDS-PAGE 垂直板电泳分析，表明电泳后只有一条清晰的电泳条带，分子量为 5.5kDa。同时没有被染色的胶在细菌素条带的位置有抑菌条带出现，这证明了纯化后电泳得到的条带为米酒乳杆菌素 C2，这不同于目前已分离出几株产细菌素的米酒乳杆菌（它们的分子量在 3.8~4.6kDa）。因此这是由米酒乳杆菌产生的一种新的细菌素。

2.3　米酒乳杆菌素 C2 生物学特性及抑菌作用

2.3.1　引言

乳酸菌产生的细菌素因其对人和动物无毒性，易被人体消化道中的各种蛋白酶降解，因此不会在体内蓄积而引起不良的反应，从而被认为是一种具有广阔应用前景的天然食品生物防腐剂。为了保障食品的安全，必须在食品加工和运输贮藏的各个环节中有效地控制腐败性和致病性细菌的生长。为了研究一种乳酸菌细菌素是否能够在食品中使用，必须考察这种细菌素在食品加工和保藏过程中是否能够抵抗高压、高温、冷冻、高盐和冷藏等环境问题。

乳酸菌细菌素的种类很多，不同的乳酸菌细菌素的特性及抑菌范围不同，一般的乳酸菌细菌素通常只抑制与其种属相近的其他菌种，抑菌范围较窄。目前研究最多并得到实际应用的是由乳酸乳球菌产生的乳酸链球菌素（Nisin）。乳酸链球菌素在酸性条件下具有较强的热稳定性，在酸性条件下，乳酸链球菌素对胰蛋白酶、链霉蛋白酶及胃蛋白酶不敏感，但易被胰凝乳蛋白酶失活。乳酸链球菌素的作用范围较窄，仅对如乳球菌、金黄色葡萄球菌、单核细胞增生氏李斯特菌、微球菌和丁酸梭菌等大多数革兰氏阳性细菌起作用，但对真菌和革兰氏阴性细菌则没有作用。乳酸链球菌素一般只在酸性条件下有较强的抑菌活性，而在碱性和中性条件下其抑菌活性较低，这在一定程度上限制了它的应用。

目前已从东北传统发酵酸菜中分离到一株产细菌素的米酒乳杆菌 C2，将其产生的细菌素命名为米酒乳杆菌素 C2。这种细菌素对革兰氏阳性细菌金黄色葡萄球菌和革兰氏阴性细菌大肠杆菌均有抑制作用，可初步判断这种细菌素具有广谱的抑菌活性。本部分对米酒乳杆菌素 C2 的抑菌特性、耐热性、耐酸碱性进行研究，并测定了米酒乳杆菌素 C2 对部分食品中的腐败性和致病性细菌的最小抑菌浓度和杀菌浓度，在此基础上，以金黄色葡萄球菌 ATCC 63589 和大肠杆菌 ATCC 25922 为模式菌株，研究了这种细菌素对革兰氏阳性细菌和革兰氏阴性细菌细胞形态和细胞渗透性的影响，这些研究可为这种新型广谱细菌素在食品中的应用提供基础理论数据。

2.3.2　实验材料

2.3.2.1　米酒乳杆菌素 C2 样品

将米酒乳杆菌 C2 的无细胞上清液调 pH 6.0，真空旋转蒸发浓缩 10 倍，经 3.5%（W/V）活性炭，40℃脱色 20h，经 80%冷乙醇沉淀纯化处理后得到的细菌素样品。

2.3.2.2　培养基

米酒乳杆菌 C2、德氏乳杆菌保加利亚亚种 ACCC 11057、德氏乳杆菌德氏亚种 ACCC 11046、嗜热链球菌 CICC 06038 和嗜酸乳杆菌 ATCC 4356：均采用 MRS 培养基。

金黄色葡萄球菌 ATCC 63589、大肠杆菌 ATCC 25922、鼠伤寒沙门氏菌 CMCC 47729 和弗氏志贺氏菌 CMCC 51606：均采用营养肉汤培养基。

啤酒酵母 ACCC 20036：采用 YEPD 培养基。

黑曲霉 ACCC 30005：采用 PDA 培养基

2.3.2.3　主要实验仪器

主要实验仪器见表 2-12。

表 2-12　主要仪器

仪器名称	型号	生产厂家
电热恒温培养箱	DRP-9082	上海森信实验仪器有限公司
旋转蒸发器	RE-5298	上海亚荣生化仪器厂
可见分光光度计	722	上海精密仪器有限公司
原子力显微镜	JSPM-5200	日本 JEOL 公司
流氏细胞仪	EPICS-XL	美国 BD 公司
恒温振荡培养箱	HZQ-F160	哈尔滨市东联电子技术开发有限公司

2.3.3 实验方法

2.3.3.1 米酒乳杆菌素 C2 的抑菌谱

将纯化后的米酒乳杆菌素 C2，采用琼脂扩散法测定对指示菌的抑菌活性。

2.3.3.2 酶、温度和 pH 对米酒乳杆菌素抑菌活性的影响

（1）酶对米酒乳杆菌素 C2 抑菌活性的影响

将米酒乳杆菌素 C2 样品用蛋白酶 K、胰蛋白酶、胃蛋白酶（3mg/mL）、α-淀粉酶、脂肪酶、过氧化氢酶（2mg/mL）和 β-淀粉酶（1mg/mL）处理，在 37℃ 处理 12h；以未处理的样品作为空白对照，以金黄色葡萄球菌 ATCC 63589 为指示菌测定酶对米酒乳杆菌素 C2 抑菌活性的影响。

（2）温度对米酒乳杆菌素 C2 抑菌活性的影响

在 80℃、90℃ 和 100℃ 分别处理米酒乳杆菌素 C2 样品 30min 和 60min，并在 121℃ 处理 15min；以酒乳杆菌素 C2 未处理的样品作为空白对照，以金黄色葡萄球菌 ATCC 63589 为指示菌测定酶对米酒乳杆菌素 C2 抑菌活性的影响。

（3）pH 对米酒乳杆菌素 C2 抑菌活性的影响

将米酒乳杆菌素 C2 样品的 pH 调整为 2~11，作用 12h 后将 pH 调至 6.0。以未处理的酒乳杆菌素 C2 样品作为空白对照，以金黄色葡萄球菌 ATCC 63589 为指示菌评价 pH 对米酒乳杆菌素 C2 抑菌活力的影响。

2.3.3.3 最小抑菌浓度（MIC）和杀菌浓度（MBC）的测定

将待测细菌的斜面菌种 1~2 环接种至 50mL 适宜待测细菌生长的液体培养基中，37℃ 培养（乳酸菌静置培养 18h，其他细菌 120r/min 振荡培养 12h），将细菌培养液 10 倍梯度稀释并与米酒乳杆菌素 C2 的倍比稀释液混合，使指示性细菌的终浓度为 $1 \sim 2 \times 10^5$，37℃ 振荡培养 12h，未见待测指示性细菌生长的最小细菌素浓度为最低抑菌浓度（MIC）。将 0.1mL 未见待测细菌生长的各抑菌浓度的待测细菌的液体转接至不含米酒乳杆菌素 C2

的琼脂平皿中，37℃培养24h，未见待测细菌生长的最低米酒乳杆菌素C2浓度为最小杀菌浓度（MBC）。

2.3.3.4　米酒乳杆菌素C2对细胞渗透性的影响

（1）米酒乳杆菌素C2对细胞内DNA泄漏的影响

将处于对数期的10mL OD_{600} 为0.8~1.0的金黄色葡萄球菌ATCC 63589和大肠杆菌ATCC 25922，采用6000g，15min离心收集菌体，用10mL的5mmol/L pH6.5的灭菌的磷酸缓冲溶液清洗2次。然后分别用抑菌浓度和杀菌浓度的米酒乳杆菌素C2处理，其中金黄色葡萄球菌采用40AU/mL和160AU/mL的细菌素处理，大肠杆菌采用120AU/mL和360AU/mL的细菌素处理。在37℃处理0、0.5h、1.0h、1.5h、2.0h、2.5h后，在6000g下离心15min收集菌体，然后上清液用0.2μm的微孔滤膜过滤除菌。在260nm下测定细胞悬浮液的吸光度。以菌体悬浮在不含细菌素的纯净水中作为空白对照。

（2）米酒乳杆菌素C2对细胞内蛋白质的泄漏的影响

按照2.3.3.4（1）的处理方法，在280nm下测定细胞悬浮液的吸光度。以菌体悬浮在不含细菌素的纯净水中作为空白对照。

2.3.4　结果与讨论

2.3.4.1　米酒乳杆菌素C2的抑菌谱

由表2-13可见，米酒乳杆菌素C2的抑菌谱较广，除枯草芽孢杆菌ACCC 11060外对所有待试的包括乳酸菌在内的革兰氏阳性细菌均有抑制作用，而且对革兰氏阴性致病菌也有抑制作用，但不抑制霉菌和酵母。目前已知的米酒乳杆菌素包括 *L. sakei* 2675 产生的 sakacin A；*L. sakei* 148 产生的 sakacin M；*L. sakei* 2525 产生的 sakacin P；*L. sakei* 2515 产生的 *sakacin* G 和 *L. sakei* 5 产生的 sakacin P、sakacin X 和 sakacin T。目前的这些米酒乳杆菌素只提到其对部分乳酸菌和部分革兰氏阳性细菌有抑制作用，未见有关于这些米酒乳杆菌素对革兰氏阴性细菌有抑制作用的相关报道。而米酒乳杆菌素C2不仅能抑制革兰氏阳性细菌，也能抑制革兰氏阴性细菌，这不同于目前已发现的几种米酒乳杆菌素。因此米酒乳杆菌素 C2 是一种由米酒乳杆菌产生的新型广谱细菌素。

表 2-13　米酒乳杆菌素 C2 的抑菌谱

指示菌	来源	G^+/G^-	抑菌活性
植物乳杆菌 B1	分离自酸菜	G^+	++
植物乳杆菌 B12	分离自酸菜	G^+	++
德氏乳杆菌保加利亚亚种	ACCC 11057	G^+	++
德氏乳杆菌德氏亚种	ACCC 11046	G^+	+++
嗜热链球菌	CICC 06038	G^+	++
嗜酸乳杆菌	ATCC 4356	G^+	+++
枯草芽孢杆菌	ACCC 11060	G^+	-
金黄色葡萄球菌	ATCC 63589	G^+	+++
藤黄八叠球菌	CMCC 29001	G^+	+++
无害李斯特氏菌	ATCC 10297	G^+	+++
蜡状芽孢杆菌	CMCC 63301	G^+	+
大肠杆菌	ATCC 25922	G^-	++
鼠伤寒沙门氏菌	CMCC 47729	G^-	++
弗氏志贺氏菌	CMCC 51606	G^-	++
啤酒酵母	ACCC 20036	-	-
黑曲霉	ACCC 30005	-	-

　　注　+：抑菌圈直径为 8.00~12.00mm；++：抑菌圈直径为 12.00~16.00mm；+++：抑菌圈直径大于 16.00mm；-：没有抑菌作用。

2.3.4.2　酶、温度和 pH 对米酒乳杆菌素 C2 抑菌活性的影响

（1）酶对米酒乳杆菌素 C2 抑菌活性的影响

由表 2-14 可以看出，米酒乳杆菌素 C2 对蛋白酶敏感，对过氧化氢酶、α-淀粉酶、β-淀粉酶和脂肪酶不敏感，表明与大部分其他细菌素相似，米酒乳杆菌素 C2 不是糖基化的物质，也不含有类脂基团。这进一步证明了抑菌物质的蛋白质本质即细菌素。

表 2-14　酶对米酒乳杆菌素 C2 抑菌活性的影响

处理方法	残留细菌素活性/%
α-淀粉酶	100.0
β-淀粉酶	100.0
脂肪酶	100.0
胰蛋白酶	0.0
胃蛋白酶	0.0
蛋白酶 K	0.0
过氧化氢酶	100.0

（2）温度对米酒乳杆菌素 C2 抑菌活性的影响

由表 2-15 可以看出，米酒乳杆菌素 C2 具有较强的热稳定性，在 121℃ 处理 15min 后抑菌活性仅降低了 19.1%。因此在食品的加工过程中，添加米酒乳杆菌素后不会因食品杀菌处理而导致抑菌作用的丧失。

表 2-15　温度对米酒乳杆菌素 C2 抑菌活性的影响

处理方法	残留细菌素活性/%
80℃（30min）	100.0
80℃（60min）	100.0
90℃（30min）	96.3
90℃（60min）	91.5
100℃（30min）	88.2
100℃（60min）	84.1
121℃（15min）	80.9

（3）pH 对米酒乳杆菌素 C2 抑菌活性的影响

由表 2-16 可见，在 pH 3.0~8.0 米酒乳杆菌素 C2 的抑菌活性很稳定，抑菌活性损失小于 20%，但在 pH 小于 3.0 和 pH 大于 9.0 的条件下抑菌活性损失较大。不同食品中的 pH 不同，一般蔬菜的 pH 在 5~6，动物食品的 pH 在 5~7，水果的 pH 在 3~5。因此米酒乳杆菌素 C2 在食品的 pH 范围内，具有较强的稳定性。

表 2-16　pH 对米酒乳杆菌素 C2 抑菌活性的影响

pH	残留细菌素活性/%
2.0	56.5
3.0	80.9
4.0	84.7
5.0	86.0
6.0	100.0
7.0	91.9
8.0	82.1
9.0	75.3
10.0	74.7
11.0	50.2

2.3.4.3　米酒乳杆菌素 C2 对部分细菌的最小抑菌浓度和杀菌浓度

由表 2-17 可见，米酒乳杆菌素 C2 的抑菌谱较宽，不仅对革兰氏阳性细菌包括乳酸菌和致病菌均有较强的抑制作用，而且对革兰氏阴性致病菌也有抑制作用。这种细菌素对革兰氏阳性细菌中的藤黄八叠球菌的杀菌作用最强，对金黄色葡萄球菌、德氏乳杆菌德氏亚种、大肠杆菌、鼠伤寒沙门氏菌也有一定的杀菌作用，而对大多数测定的乳酸菌无杀菌作用。

表 2-17　米酒乳杆菌素 C2 对部分细菌的最小抑菌浓度和杀菌浓度

指示菌	来源	G^+/G^-	最小抑菌浓度/ $(AU \cdot mL^{-1})$	最小杀菌浓度/ $(AU \cdot mL^{-1})$
金黄色葡萄球菌	ATCC 63589	G^+	20	80
藤黄八叠球菌	CMCC 29001	G^+	20	80
德氏乳杆菌保加利亚亚种	CGMCC 1.2161	G^+	40	无
德氏乳杆菌德氏亚种	CGMCC 1.2131	G^+	20	80
嗜热链球菌	CGMCC 1.1864	G^+	40	无
嗜酸乳杆菌	ATCC 4356	G^+	20	无
大肠杆菌	CGMCC 1.90	G^-	80	320

续表

指示菌	来源	G$^+$/G$^-$	最小抑菌浓度/ (AU·mL^{-1})	最小杀菌浓度/ (AU·mL^{-1})
鼠伤寒沙门氏菌	CGMCC 1.1174	G$^-$	80	320
弗氏志贺氏菌	CGMCC 1.1868	G$^-$	160	无

2.3.4.4 米酒乳杆菌素 C2 对细胞渗透性的影响

（1）米酒乳杆菌素 C2 对金黄色葡萄球菌细胞渗透性的影响

①米酒乳杆菌素 C2 对金黄色葡萄球菌细胞内 260nm 紫外吸收物质渗漏的影响。由图 2-35 可见，用杀菌浓度的米酒乳杆菌素 C2 对金黄色葡萄球菌处理 0.5h 时，ΔOD_{260} 就有明显的提高，并随时间的延长逐渐增大，而用抑菌浓度的细菌素处理，ΔOD_{260} 只有少量的提高，然后基本维持恒定，而空白对照则没有明显的变化。260nm 是核酸物质的最大吸收波长，这表明抑菌浓度细菌素的添加引起了细胞内紫外吸收物质（包括核酸）的少量渗漏，而杀菌浓度的细菌素则引起胞内 260nm 紫外吸收物质（包括核酸）的大量渗漏，因此可以推论，这种细菌素对金黄色葡萄球菌的作用方式可能是导致了细胞膜的破坏，形成了孔洞，引起细胞的死亡。

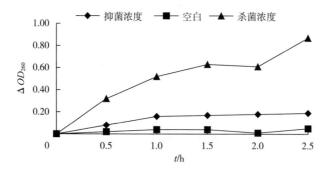

图 2-35 米酒乳杆菌素 C2 对金黄色葡萄球菌细胞内 260nm
紫外吸收物质渗漏的影响

②米酒乳杆菌素 C2 对金黄色葡萄球菌细胞内 280nm 紫外吸收物质渗漏的影响。由图 2-36 可以看出，当用杀菌浓度的米酒乳杆菌素对金黄色

葡萄球菌处理 0.5h 时，ΔOD_{280} 就有明显的提高，并随时间的延长逐渐增大。用抑菌浓度的细菌素对金黄色葡萄球菌处理，ΔOD_{280} 只有少量的提高，然后基本维持恒定，而空白对照则没有明显的变化。280nm 是蛋白质的最大吸收峰，因此可以说明抑菌浓度细菌素的添加引起了细胞内蛋白质等物质的少量渗漏，这些物质可能是附着在细胞壁上或细胞壁内游离的小分子蛋白质等物质。而杀菌浓度的细菌素则引起胞内蛋白等物质的大量渗漏。

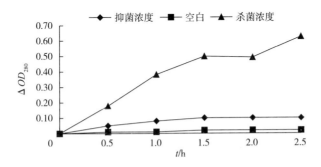

图 2-36　米酒乳杆菌素 C2 对金黄色葡萄球菌细胞内 280nm
紫外吸收物质渗漏的影响

由杀菌浓度的米酒乳杆菌素 C2 导致金黄色葡萄球菌细胞内 260nm 和 280nm 紫外吸收物质大量渗漏的结果可以推论，这种细菌素对金黄色葡萄球菌的作用方式可能是导致了细胞膜的破坏，形成了孔洞，引起金黄色葡萄球菌细胞内大分子物质的渗漏，从而引起细胞的死亡。

（2）米酒乳杆菌素 C2 对大肠杆菌细胞渗透性的影响

①米酒乳杆菌素 C2 对大肠杆菌 260nm 紫外吸收物质渗漏的影响。由图 2-37 可以看出，当用米酒乳杆菌素 C2 在抑菌浓度下处理大肠杆菌时，260nm 下的吸光值没有明显的提高，而杀菌浓度的细菌素在作用 0.5h 后，其 260nm 下的吸光值就明显提高，随时间的延长呈现增大的趋势。而空白对照的 ΔOD_{260} 则没有明显的变化。结果表明抑菌浓度的细菌素作用大肠杆菌没有引起 DNA 类物质的渗漏，而杀菌浓度的细菌素在一段时间内（2.5h）导致了大量 260nm 紫外吸收物质的渗漏。

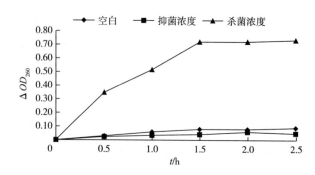

图 2-37　米酒乳杆菌素 C2 对大肠杆菌细胞内 260nm 紫外吸收物质渗漏的影响

②米酒乳杆菌素 C2 对大肠杆菌细胞内 280nm 紫外吸收物质渗漏的影响。由图 2-38 可以看出与空白对照相比，当用杀菌浓度的细菌素处理大肠杆菌达 0.5h 时，280nm 下的吸光值与刚加入细菌素时相比有明显的提高，随时间的延长，ΔOD_{280} 逐渐增大；在抑菌浓度下处理大肠杆菌，280nm 下的吸光值与空白对照相比没有明显的提高。因此可以说明抑菌浓度细菌素的添加没有引起大肠杆菌细胞内蛋白质等物质的渗漏，而杀菌浓度的细菌素却引起了大肠杆菌细胞内蛋白质等物质的大量渗漏。

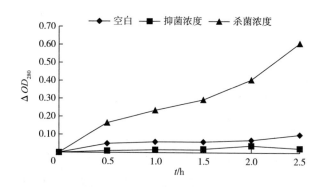

图 2-38　米酒乳杆菌素 C2 对大肠杆菌细胞内 280nm 紫外吸收物质渗漏的影响

2.3.5　本章小结

①米酒乳杆菌素 C2 的抑菌谱较广，不仅对多株乳酸菌和革兰氏阳性致病菌如金黄色葡萄球菌、藤黄微球菌和无害李斯特氏菌有强烈的抑制作

用，而且对致病性革兰氏阴性菌大肠杆菌、鼠伤寒沙门氏菌和弗氏志贺氏菌也有较强的抑制作用。目前已发现的米酒乳杆菌素只对部分乳酸菌和部分革兰氏阳性细菌有抑制作用，而米酒乳杆菌素 C2 不仅能抑制革兰氏阳性细菌，也能抑制革兰氏阴性细菌，因此米酒乳杆菌素 C2 是一种新型广谱细菌素。

②米酒乳杆菌素 C2 对蛋白酶敏感，对过氧化氢酶、α-淀粉酶、β-淀粉酶和脂肪酶不敏感，表明米酒乳杆菌 C2 产生的细菌素不是糖基化的物质，也不含有类脂基团。米酒乳杆菌素 C2 对蛋白具有较强的热稳定性和 pH 稳定性，这些特点使米酒乳杆菌素 C2 可以在不同的食品中和不同的食品加工条件下应用。

③测定了由米酒乳杆菌 C2 产生的细菌素对部分细菌的最小抑菌浓度和最小杀菌浓度，结果表明米酒乳杆菌 C2 不仅对革兰氏阳性细菌有较强的抑制作用而且对革兰氏阴性致病菌也有抑制作用，对藤黄八叠球菌的杀菌作用最强，对金黄色葡萄球菌、德氏乳杆菌德氏亚种、大肠杆菌、鼠伤寒沙门氏菌也有一定的杀菌作用，而对大多数测定的乳酸菌无杀菌作用。

④研究了米酒乳杆菌素 C2 对金黄色葡萄球菌和大肠杆菌细胞渗透性的影响，结果表明抑菌浓度的米酒乳杆菌素 C2 不会引起细胞内 260nm 和 280nm 紫外吸收物质的大量渗漏，而杀菌浓度的米酒乳杆菌素 C2 则引起胞内 260nm 和 280nm 紫外吸收物质大量渗漏。

⑤结合米酒乳杆菌素 C2 对两种细菌细胞渗透性和表面形态影响的研究结果，表明米酒乳杆菌素 C2 对两种细胞的致死作用与对细胞膜的损伤直接相关，抗菌机制涉及两种细胞的细胞膜的损伤和细胞内大分子物质的渗漏。

2.4 米酒乳杆菌 C2 产细菌素发酵工艺研究

2.4.1 引言

前面的实验已证明米酒乳杆菌素 C2 不仅能抑制许多食品中腐败性和

致病性革兰氏阳性细菌的生长，而且能抑制多种革兰氏阴性细菌的生长，这一特性使得米酒乳杆菌素 C2 具有作为食品生物防腐剂的广阔应用前景。清楚地了解培养基成分和培养条件对米酒乳杆菌素 C2 发酵的影响，对于提高米酒乳杆菌素 C2 的产量至关重要。

目前乳酸菌常用的培养基主要有 MRS、ATP、TEG、SL 和改良的 MRS 培养基，但为了满足细菌素合成的需要，必须对培养基成分进行调整。另外前人的研究表明细菌素的产生与菌体生长有一定的相关性，细菌素的产量受发酵条件的影响。因此为了提高细菌素的产量，研究培养基及外界环境条件对菌体生长和细菌素效价的影响是非常必要的。

在细菌素的大规模生产中主要采用分批发酵，为了提高细菌素的产量，有必要进行补料分批发酵技术研究。由于菌体生长和产物生成的最佳条件往往不一致，通常采用分段控温提高发酵产物的产量。郑美英等采用分段控温发酵来提高 S. mobaraense 分批发酵生产谷氨酰胺转氨酶的产量。邹祥等研究表明采用分段控温进行重组大肠杆菌 E. coli ZYL-2 发酵产番茄红素，番茄红素发酵水平高于单一温度下发酵的水平。但能否通过分段控制来提高细菌素的产量是一个值得研究的问题。目前还未见相关的研究报道。

由于旋转正交实验设计克服了各因素所取水平不同，对应预测值方差不同，对不同预测值之间直接比较而产生的影响，使实验者能够直接比较各预测值的好坏。响应面分析方法（rsponse surface analysis）在各个研究领域都得到了广泛的应用，它能以最经济的方式对实验进行全面科学的研究，是一种寻找多因素系统中最佳条件的数学统计方法，通过这种方法可以得到明确的结论，并对实验结果进行预测。

首先研究了三角瓶发酵培养基成分对米酒乳杆菌 C2 生长及细菌素效价的影响。采用旋转正交实验设计及响应面分析进行了培养基优化。在培养基优化的基础上研究了发酵条件对细胞生长和细菌素产生的影响。以这些实验为基础探讨了发酵罐补料分批发酵提高米酒乳杆菌素 C2 产量的方法，以期为这种新型广谱细菌素的进一步研究和应用奠定基础。

2.4.2 实验材料

2.4.2.1 菌种

米酒乳杆菌 C2。

2.4.2.2 培养基

（1）种子培养基

改良的 MRS 培养基。

（2）发酵培养基

APT 培养基；TEG 培养基；SL 培养基；CM 培养基；改良的 MRS 培养基。

2.4.2.3 主要仪器和设备

全自动发酵罐：GBJS-10，镇江东方生物工程设备技术公司。

2.4.3 实验方法

2.4.3.1 种子液的制备

挑取 1~2 环米酒乳杆菌 C2 斜面保藏菌种，接种于改良 MRS 液体种子培养基中，30℃静置培养 12h。

2.4.3.2 培养基及组成对菌体生长和细菌素效价的影响

（1）培养基种类对菌体生长和细菌素效价的影响

将 1.5% 的米酒乳杆菌 C2 种子培养液分别接入 MRS、ATP、TEG、SL 和改良的 MRS 培养基中，30℃静置发酵 24h 后，测定菌体 OD_{600} 和细菌素效价。

（2）碳源种类对菌体生长和细菌素效价的影响

以 SL 培养基为基础培养基，分别以 20g/L 果糖、麦芽糖、蔗糖、乳糖、可溶性淀粉代替其中的葡萄糖，以葡萄糖为对照，30℃静置发酵 24h 后，测定菌体 OD_{600} 和细菌素效价。

（3）葡萄糖加量对菌体生长和细菌素效价的影响

以 SL 为基础培养基，分别以 10g/L、20g/L、30g/L、40g/L、50g/L

的葡萄糖代替 SL 培养基中的碳源，30℃静置发酵 24h 后，测定菌体 OD_{600} 和细菌素效价。

（4）有机氮源种类对菌体生长和细菌素效价的影响

分别以 15g/L 的牛肉膏、15g/L 酵母浸粉、15g/L 酪蛋白胨、10g/L 牛肉膏+5g/L 酵母浸粉、10g/L 牛肉膏+5g/L 酪蛋白胨代替 SL 培养基中的有机氮源，以 SL 培养基为对照。30℃静置发酵 24h 后，测定菌体 OD_{600} 和细菌素效价。

（5）酵母浸粉加量对菌体生长和细菌素效价的影响

以 SL 为基础培养基，分别以 5g/L、15g/L、25g/L、35g/L、45g/L 的酵母浸粉代替其中的有机氮源，30℃静置发酵 24h 后，测定菌体的 OD_{600} 及细菌素效价。

（6）无机盐种类对菌体生长和细菌素效价的影响

分别以 0.58g/L 的氯化钙、硫酸镁、硫酸锰、硫酸亚铁、氯化钠和硫酸铜取代 SL 培养基中的无机盐，以 SL 培养基为对照，30℃静置发酵 24h 后，测定菌体的 OD_{600} 及细菌素效价。

（7）硫酸镁加量对菌体生长和细菌素效价的影响

以 SL 为基础培养基，分别添加 0.18g/L、0.28g/L、0.38g/L、0.48g/L、0.58g/L 的 $MgSO_4 \cdot 7H_2O$，30℃静置发酵 24h 后，测定菌体 OD_{600} 及细菌素效价。

（8）氨基酸种类对菌体生长和细菌素效价的影响

以 SL 为基础培养基，分别添加 0.2g/L 不同种类的氨基酸，以不加氨基酸的培养基作为空白对照，30℃静置发酵 24h 后测定菌体 OD_{600} 及细菌素效价。

（9）L-半胱氨酸加量对菌体生长和细菌素效价的影响

以 SL 为基础培养基，分别添加 0.50g/L、0.75g/L、1.00g/L、1.25g/L、1.50g/L 的 L-半胱氨酸，30℃静置发酵 24h 后，测定菌体 OD_{600} 及细菌素效价。

2.4.3.3　发酵培养基的优化

以三角瓶单因素实验确定的碳源、有机氮源、无机盐和氨基酸的加量为中心点，以细菌素效价为指标，运用四元二次旋转正交设计建立细菌素效价与各因素之间关系的数学模型，确定优化的发酵培养基组成，探讨各因素对细菌素产量的影响，并对优化的培养基进行验证试验。

2.4.3.4 发酵条件对菌体生长和细菌素效价的影响

（1）初始 pH 对菌体生长及细菌素产量的影响

分别将 1.5%（V/V）米酒乳杆菌 C2 的种子培养液接入初始 pH 为 4.0、5.0、6.0、7.0 和 8.0 的优化培养基中，30℃静置发酵 24h 后，测定菌体 OD_{600} 及细菌素效价。

（2）种龄对菌体生长及细菌素产量的影响

将 1.5%（V/V）培养 8h、10h、12h、14h、16h 的米酒乳杆菌 C2 的种子培养液分别接入初始 pH 6.0 的优化培养基中，30℃静置发酵 24h 后，测定菌体 OD_{600} 及细菌素效价。

（3）接种量对菌体生长及细菌素产量的影响

将 1.5%（V/V）培养 12h 的米酒乳杆菌 C2 的种子培养液分别以 1.0%（V/V）、1.5%（V/V）、2.0%（V/V）、2.5%（V/V）和 3.0%（V/V）的接种量接种于初始 pH 6.0 的优化的培养基中，30℃静置发酵 24h 后，测定菌体 OD_{600} 及细菌素效价。

（4）发酵方式对菌体生长及细菌素产量的影响

将 2.5%（V/V）培养 12h 的米酒乳杆菌 C2 的种子培养液接种于初始 pH 6.0 的优化培养基中，分别采用静置培养、50r/min 振荡培养和 150r/min 振荡培养，30℃发酵 24h 后，测定菌体 OD_{600} 及细菌素效价。

（5）发酵温度及时间对米酒乳杆菌 C2 细菌素产量的影响

将 2.5%（V/V）培养 12h 的米酒乳杆菌 C2 的种子培养液接种于初始 pH 6.0 的优化培养基中，分别在 20℃、25℃、30℃和 37℃静置发酵 24h 后，测定菌体 OD_{600} 及细菌素效价。

2.4.3.5 验证实验

在以上实验室三角瓶发酵的初始发酵条件（初始 pH 5.4；种龄 16h；接种量 1.5%；在 30℃静置发酵 24h）和优化后的三角瓶发酵条件（初始

pH 6.0；种龄 12h；接种量 2.5%；在 25℃静置发酵 24h）下进行 3 次独立实验，每个实验 3 个平行样。

2.4.3.6 补料分批发酵技术研究

将 2.5%（V/V）的米酒乳杆菌 C2 的种子培养液接入 10L 发酵罐中，发酵罐的总装液量为 6L，30℃培养，轻微搅拌（100r/min）保持发酵液均一。

（1）碳源补加方式对细胞生长和细菌素产生的影响

①初始糖浓度对细胞的生长和细菌素产生的影响。采用 5g/L、10g/L 和 20g/L 的初始葡萄糖浓度，从 3h 开始补糖，补加流速为 2g/（L·h），每 3h 取样测定发酵液的 OD_{600} 及细菌素效价。

②流速对细胞生长和细菌素产量的影响。初始糖浓度为 10g/L，3h 开始补糖，分别采用葡萄糖补加流速 [流速 1：2g/（L·h）；流速 2：4g/（L·h）；流速 3：6g/（L·h）]，每 3h 取样测定发酵液的 OD_{600} 及细菌素效价。

③碳源补加策略。初始糖浓度为 10g/L，第一段（0~6h）：3h 开始补糖，补加流速 2g/（L·h），第二段（6~30h）：补加流速 4g/（L·h），每 3h 取样测定发酵液的 OD_{600} 及细菌素效价。

（2）温度的调控。初始糖浓度 10g/L，分批发酵过程中（不补料）对温度分两段控制，第一段（0~6h）温度控制在 30℃，以促进菌体的生长；第二段（6~30h）温度调整为 25℃，每 3h 取样测定发酵液的 OD_{600} 及细菌素效价。

（3）两段补料两段控温发酵策略。采用第一阶段（0~6h）：初始糖浓度为 10g/L，从发酵 3h 开始补糖，补加流速 2g/（L·h），温度 30℃；第二阶段（从 6h 开始）补加流速调整为 4g/（L·h），温度调整为 25℃，每 3h 取样测定发酵液的 OD_{600} 及细菌素效价。

2.4.3.7 检测方法

（1）菌浓度的测定

采用 722 可见光分光光度计，在波长 600nm 下，测定吸光光度值。

（2）细菌素效价的测定

将发酵液在 4000g 离心 20min，调 pH 至 6.0，旋转蒸发浓缩 10 倍，采用琼脂扩散法，以金黄色葡萄球菌为指示菌，点样 20μL，测定细菌素抑菌圈的大小。从标准曲线上查出细菌素的效价，标准曲线参见 3.3.6.2。

（3）残糖的测定

采用 3，5-二硝基水杨酸法。

①试剂配制。甲液：将 6.9g 苯酚溶解于 15.2mL 10% NaOH 溶液中，并用蒸馏水稀释至 69mL，然后在此溶液中加 6.9g $NaSO_3$。乙液：将准确称取的 255g 酒石酸钾钠添加到 300mL 10% NaOH 溶液中，再加入浓度为 1%的 3，5-二硝基水杨酸溶液 880mL。

将甲乙两种溶液相混合即得到了黄色的 DNS 试剂，将其贮存于棕色试剂瓶中，室温放置 7 天以后即可使用。

②标准曲线的制作。准确称取 0.1g 无水葡萄糖，首先将其在 105℃干燥至恒重，然后用蒸馏水溶解后，定量转移到 100mL 容量瓶中，定容至刻度后，摇匀。最终溶液的浓度为 1mg/mL。取 18 支 25mL 刻度试管，分别按表 2-18 加入试剂：

表 2-18 标准曲线的制作

试管号	1	2	3	4	5	6	7	8	9
蒸馏水加量/mL	2.0	1.8	1.6	1.4	1.2	1.0	0.8	0.6	0.4
DNS 试剂加量/mL	1.5	1.5	1.5	1.5	1.5	1.5	1.5	1.5	1.5
葡萄糖标准液加量/mL	0	0.2	0.4	0.6	0.8	1.0	1.2	1.4	1.6

另外做一组平行样。首先将各试管内的物质混合均匀，在沸水浴中加热 5min，取出后用冷水快速冷却到室温，然后向每个试管加入 21.5mL 蒸馏水，摇匀。在 520nm 波长处测量 OD 值，然后以葡萄糖浓度为横坐标，以各试管的光密度值为纵坐标，绘制标准曲线见图 2-39。

③样品浓度的测定。取 5mL 样品，定容至 100mL 容量瓶中。准确吸取 1mL 稀释后的细菌素发酵液样品于 25mL 刻度试管中，然后加 1.5mL DNS

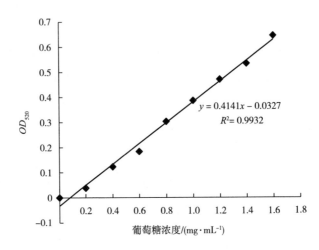

图 2-39　葡萄糖浓度标准曲线

试剂、1mL 蒸馏水，在沸水浴中加热 5min，用流动冷水冷却，然后再补加蒸馏水 21.5mL，摇匀后在 520nm 下测定吸光度。另做一组平行样。取发酵液样品 OD_{520} 的平均值，然后在曲线上查出相应的糖浓度，再乘以稀释倍数即为发酵液样品的糖浓度。

2.4.4　结果与讨论

2.4.4.1　培养基及组成对菌体生长和细菌素效价的影响

（1）培养基种类对菌体生长和细菌素效价的影响

培养基对乳酸菌的生长和细菌素的产生有显著的影响，乳酸菌常用的培养基主要有 MRS、ATP、TEG、SL 和改良 MRS 培养基。实验首先考察了这些培养基对菌体生长和细菌素效价的影响，实验结果见图 2-40。

由图 2-40 可见，SL 培养基最有利于细菌素的生成，也适合于菌体的生长，是细菌素发酵的最佳基础培养基。而改良 MRS 培养基适合于菌体的生长但细菌素的产量较低。因此选择 SL 培养基作为细菌素发酵的基础培养基。

（2）碳源种类对菌体生长和细菌素效价的影响

资料表明，培养基中的碳源对菌体的生长和细菌素的产生影响显著。

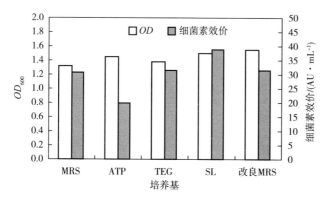

图 2-40 基础培养基对细胞生长和细菌素效价的影响

因此实验考察了不同碳源对菌体生长和细菌素效价的影响，实验结果见图 2-41。

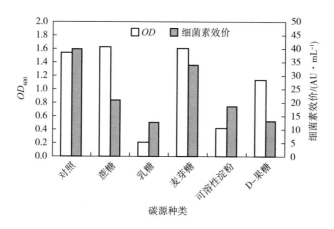

图 2-41 碳源种类对细胞生长和细菌素效价的影响

由图 2-41 可以看出，蔗糖最适合菌体的生长，但细菌素的产量较低。葡萄糖最有利于细菌素的生成（39.80AU/mL），菌体的 OD_{600} 略低于蔗糖培养基（低 0.08）。麦芽糖较适合于菌体的生长和细菌素的生成，但均低于葡萄糖（对照）。D-果糖、乳糖和可溶性淀粉为碳源既不利于细胞的生长，也不利于细菌素的生成。因此，选定细菌素发酵的最佳碳源为葡萄糖（对照）。前人对细菌素发酵的碳源也进行了研究，发现不同的细菌素的最佳碳源不同。Mi-Hee Kim 等发现乳糖最适合细菌素 micrococcin 的产生。Matsusaki H 等人对 *Lactococcus lactis* IO-1 产细菌素的研究结果表明葡萄糖是细菌素发酵的最佳碳源。

（3）葡萄糖加量对菌体生长和细菌素效价的影响

培养基中的碳源浓度是菌体生长和代谢产物的重要影响因素。实验考察了葡萄糖加量对菌体生长和细菌素效价的影响，实验结果见图 2-42。

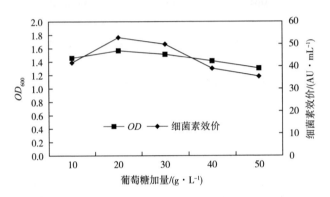

图 2-42　葡萄糖加量对细胞生长和细菌素效价的影响

由图 2-42 可见，培养基中的葡萄糖浓度对菌体的生长和细菌素的效价均有显著的影响。当葡萄糖加量为 20g/L 时，菌体生长量和细菌素效价均达到最大，当葡萄糖加量继续增大，菌体生长和细菌素的效价均呈下降的趋势。资料表明葡萄糖是各种碳源中最容易被微生物利用的单糖，利用速度快，导致微生物菌体的生长速度快，在发酵液中产生大量的有机酸，最终抑制代谢产物的生成。因此葡萄糖的加量不能过大，实验初步确定葡萄糖的加量为 20g/L。

（4）有机氮源种类对菌体生长和细菌素效价的影响

细菌素是一种含氮物质，菌体的生长和细菌素的合成需要大量的含氮物质。实验考察了不同有机氮源对菌体生长和细菌素效价的影响。实验结果见图 2-43。

由图 2-43 可见，有机氮源种类对菌体的生长和细菌素的产生影响显著。在有机氮源中酵母浸粉最有利于细胞的生长和细菌素的合成。酵母浸粉是酵母水解后的浓缩物，其中含有各种蛋白的水解产物，维生素和无机盐等物质，营养丰富，适合米酒乳杆菌 C2 菌体的生长的细菌素的合成。因此实验选择酵母浸粉作为细菌素发酵培养基中的氮源。

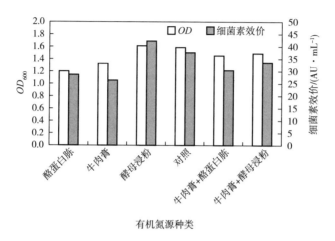

图 2-43　有机氮源种类对细胞生长和细菌素效价的影响

（5）酵母浸粉加量对菌体生长和细菌素效价的影响

由图 2-44 可见，酵母浸粉加量对菌体生长和细菌素的效价影响显著。当酵母浸粉加量从 5g/L 增加到 25g/L 时，菌体 OD_{600} 和细菌素效价逐渐增加，当酵母浸粉加量继续增加时，菌体 OD_{600} 和细菌素效价显著降低。因此酵母浸粉的适宜加量为 25g/L。

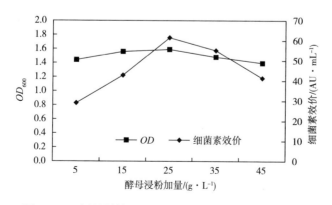

图 2-44　酵母浸粉加量对细胞生长和细菌素效价的影响

（6）无机盐种类对菌体生长和细菌素效价的影响

无机盐是微生物生长和代谢产物合成不可缺少的一类营养物质，研究表明这些无机盐能控制细胞的氧化还原电位、参与酶的组成，并能够作为某些微生物生长的能源物质。因此实验考察了不同无机盐对菌体生长和细菌素生成的影响。实验结果见图 2-45。

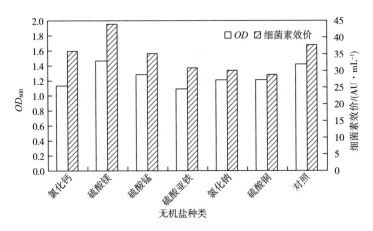

图 2-45　无机盐种类对细胞生长和细菌素效价的影响

由图 2-45 可以看出，添加 $MgSO_4 \cdot 7H_2O$ 的培养基中菌体生长量和细菌素效价均最高。与对照相比，含有 $CaCl_2$ 和 $MnSO_4 \cdot 4H_2O$ 的培养基中的细菌素产量略低于对照，而 $NaCl$、$CuSO_4 \cdot 5H_2O$ 和 $FeSO_4 \cdot 7H_2O$ 对菌体生长和细菌素的产生有显著的抑制作用。因此实验选择 $MgSO_4 \cdot 7H_2O$ 作为培养基中添加的无机盐。目前的研究已证明了镁离子是柠檬酸脱氢酶、己糖磷酸化酶和羧化酶等的激活剂，同时还会影响蛋白质的合成和基质的氧化。本实验的结果也证明了镁离子有利于米酒乳杆菌 C2 的生长和细菌素的合成。

（7）硫酸镁加量对菌体生长和细菌素效价的影响

米酒乳杆菌 C2 是革兰氏阳性细菌。资料表明革兰氏阳性细菌对镁的需求量大于革兰氏阴性细菌，如果环境中缺少镁离子，会导致微生物核糖体与微生物细胞膜的稳定性降低，从而影响菌体的正常生长，但当环境中镁离子含量过大时对微生物菌体有毒害作用。因此实验考察了硫酸镁加量对菌体生长和细菌素效价的影响，实验结果见图 2-46。

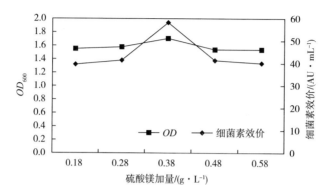

图 2-46　硫酸镁加量对细胞生长和细菌素效价的影响

由图 2-46 可见，硫酸镁加量对菌体的生长和细菌素的效价影响显著。当硫酸镁加量从 0.18g/L 增加到 0.38g/L 时，菌体 OD 值和细菌素效价逐渐增大，当加量大于 0.38g/L 后，菌体 OD 值和细菌素效价逐渐降低，因此 $MgSO_4 \cdot 7H_2O$ 的最适加量为 0.38g/L。

（8）氨基酸种类对菌体生长和细菌素效价的影响

前面的实验表明米酒乳杆菌 C2 产生的细菌素是分子量为 5.5kDa 的小肽，细菌素的合成过程复杂。目前关于细菌素培养基的大多数研究中只对碳源、氮源、无机盐等进行了研究，还未见氨基酸对细菌素发酵影响的研究报道。因此实验考察了部分氨基酸对菌体生长和细菌素效价的影响。实验结果见图 2-47。

由图 2-47 可见，与空白对照相比，添加 L-半胱氨酸的 SL 培养基中细菌素效价显著增加。结果表明 L-半胱氨酸有利于细菌素的代谢合成，可作为细菌素合成的氨基酸前体物，但相关的机理还需要进一步的研究。

（9）L-半胱氨酸加量对菌体生长和细菌素效价的影响

由图 2-48 可见，当 L-半胱氨酸加量从 0.50g/L 增加到 1.00g/L 时，

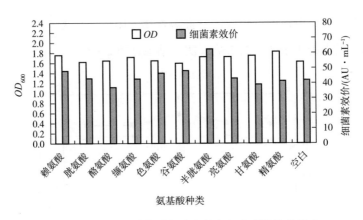

图 2-47　氨基酸种类对细胞生长和细菌素效价的影响

细菌素效价逐渐增加，当大于 1.00g/L 后，细菌素效价逐渐降低。因此 L-半胱氨酸的最适加量为 1.00g/L。

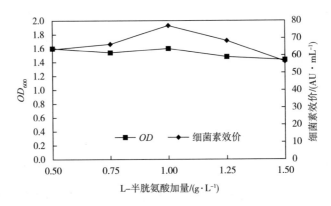

图 2-48　L-半胱氨酸加量对米酒乳杆菌 C2 细菌素产量的影响

2.4.4.2　发酵培养基的优化

（1）四元二次旋转正交实验设计

以单因素实验确定的葡萄糖、酵母浸粉、硫酸镁和 L-半胱氨酸的加量为中心点，培养基的其他成分为柠檬酸三铵 2.0g/L，$KH_2PO_4 \cdot 3H_2O$ 6g/L，乙酸钠 2.5g/L，吐温 80 1mL/L。运用四元二次旋转正交试验 1/2 实施，实验因素水平编码及设置见表 2-19。

表 2-19 因素水平编码及设置

编码值	葡萄糖/(g·L^{-1})	酵母浸粉/(g·L^{-1})	硫酸镁/(g·L^{-1})	L-半胱氨酸/(g·L^{-1})
	x_1	x_2	x_3	x_4
-2	10	15	0.28	0.70
-1	15	20	0.33	0.85
0	20	25	0.38	1.00
1	25	30	0.43	1.15
2	30	35	0.48	1.30
Δ_j	5	5	0.05	0.15

（2）四元二次旋转正交实验结果及分析

四元二次旋转正交组合试验结果见表 2-20。

表 2-20 四元二次旋转正交组合实验结果

试验号	葡萄糖	酵母浸粉	$MgSO_4 \cdot 7H_2O$	L-半胱氨酸	细菌素效价/
	x_1	x_2	x_3	x_4	(AU·mL^{-1})
1	1	1	1	1	125.98
2	1	1	1	-1	108.76
3	1	1	-1	1	86.89
4	1	1	-1	-1	87.86
5	1	-1	1	1	90.83
6	1	-1	1	-1	81.75
7	1	-1	-1	1	91.08
8	1	-1	-1	-1	79.95
9	-1	1	1	1	80.62
10	-1	1	1	-1	82.66
11	-1	1	-1	1	69.61
12	-1	1	-1	-1	62.30
13	-1	-1	1	1	102.61
14	-1	-1	1	-1	87.37
15	-1	-1	-1	1	103.76
16	-1	-1	-1	-1	87.13

续表

试验号	葡萄糖 x_1	酵母浸粉 x_2	$MgSO_4 \cdot 7H_2O$ x_3	L-半胱氨酸 x_4	细菌素效价/ $(AU \cdot mL^{-1})$
17	2	0	0	0	96.54
18	-2	0	0	0	79.95
19	0	2	0	0	93.38
20	0	-2	0	0	85.69
21	0	0	2	0	96.01
22	0	0	-2	0	90.58
23	0	0	0	2	103.18
24	0	0	0	-2	93.51
25	0	0	0	0	165.77
26	0	0	0	0	158.14
27	0	0	0	0	128.98
28	0	0	0	0	119.18
29	0	0	0	0	168.08
30	0	0	0	0	155.96
31	0	0	0	0	161.46
32	0	0	0	0	150.44
33	0	0	0	0	165.77
34	0	0	0	0	147.14
35	0	0	0	0	154.24
36	0	0	0	0	155.31

为考察各因素对细菌素效价的影响，根据表 2-20 中的试验结果，利用 SAS 8.2 数据处理系统对实验结果进行分析，结果见表 2-21～表 2-23。

表 2-21　二次旋转正交组合试验回归方程方差分析表

方差来源	自由度 df	平方和 SS	均方和 MS	F 值	P 值
回归模型	14	34412	2458	17.89	<0.0001
误差	21	28848460	137.3736	$F_{(14,21)}$ 0.05 = 2.20	
总误差	35			$F_{(14,21)}$ 0.01 = 3.07	

表 2-22　二次旋转正交组合试验回归方程各项的方差分析表

方差来源	自由度 df	平方和 SS	均方和 MS	F 值	P 值
一次项	4	1303.9214	325.9804	3.37	0.0098
二次项	4	31037	7759.25	56.48	<0.0001
交互项	6	2070.6284	345.1047	2.51	0.0543
失拟项	10	458.5697	45.8570	0.21	0.9903
纯误差	11	2426.2763	220.5706		
总误差	21	2884.8460	137.3736		

表 2-23　二次回归模型的参数

模型	非标准化系数	t	显著性检验
x_0	-2007.2964	-5.81	<0.0001
x_1	198.3370	2.43	0.0241
x_2	153.8712	1.93	0.0671
x_3	40196	4.56	0.0002
x_4	19069	5.26	<0.0001
$x_1 x_2$	37.8900	3.23	0.0040
$x_1 x_3$	77.0000	0.66	0.5146
$x_1 x_4$	-7.0833	-0.01	0.9886
$x_2 x_3$	2268.0000	1.94	0.0666
$x_2 x_4$	-318.3333	-0.65	0.5216
$x_3 x_4$	5625.0000	0.12	0.9094
x_1^2	-67.0572	-8.09	<0.0001
x_2^2	-65.672	-7.93	<0.0001
x_3^2	-620072	-7.48	<0.0001
x_4^2	-90780	-6.76	<0.0001

细菌素效价的回归方程为：

$$Y = -2007.296356 + 15.387116x_1 + 19.833703x_2 + 4019.614334x_3 + 1906.884974x_4 +$$
$$0.378900x_1 x_2 + 7.770000x_1 x_3 - 0.070833x_1 x_4 + 22.680000x_2 x_3 - 3.183333x_2 x_4 + 56.250000x_3 x_4 -$$
$$0.670572x_1^2 - 0.657672x_2^2 - 6200.720615x_3^2 - 907.803454x_4^2$$

由表 2-21 可以看出，二次回归模型的 F 值为 17.89，P 值<0.0001，

该模型的拟和结果好。回归方程能较好地描述各因素与响应值之间的真实关系，可以利用该方程确定最佳发酵培养基组成。

由表 2-22 可以看出一次项、二次项 F 值均大于 0.01 水平上的 F 值，说明各个因素对细菌素产量有极其显著的影响。

由表 2-23 可知，各因素对细菌素效价的影响程度从大到小的依次排列为 L-半胱氨酸、$MgSO_4 \cdot 7H_2O$、葡萄糖、酵母浸粉。

其中 x_1x_2 显著性检验 F 值<0.01，因此交互作用显著，而其他各交互作用不显著。采用 SAS 8.2 统计分析软件分析可得到各因素的响应面曲线，如图 2-49~图 2-54 所示。

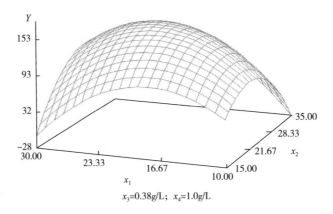

$x_3=0.38g/L$；$x_4=1.0g/L$

图 2-49　x_1x_2 的响应面曲线图

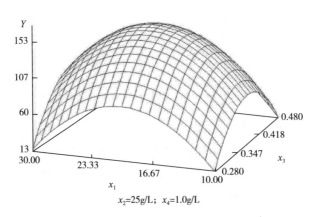

$x_2=25g/L$；$x_4=1.0g/L$

图 2-50　x_1x_3 的响应面曲线图

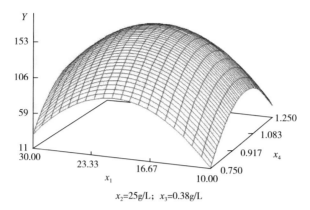

$x_2=25\text{g/L}$；$x_3=0.38\text{g/L}$

图 2-51　x_1x_4 的响应面曲线图

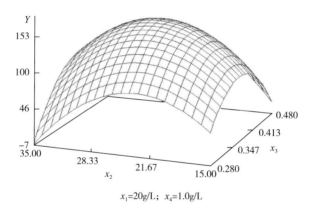

$x_1=20\text{g/L}$；$x_4=1.0\text{g/L}$

图 2-52　x_2x_3 的响应面曲线图

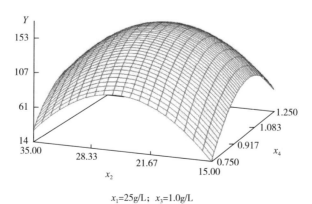

$x_1=25\text{g/L}$；$x_3=1.0\text{g/L}$

图 2-53　x_2x_4 的响应面曲线图

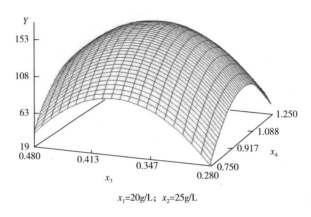

$x_1 = 20g/L; \quad x_2 = 25g/L$

图 2-54　$x_3 x_4$ 的响应面曲线图

最优培养基配方和最大细菌素效价见表 2-24。

表 2-24　培养基的优化值及最优条件下的最大抑菌圈直径

因素	标准化	非标准化/%	最高效价/（AU·mL^{-1}）
x_1	0.081676	20.816759	
x_2	0.030480	25.304800	153.488355
x_3	0.080586	0.388059	
x_4	0.068469	1.017117	

因此优化的培养基为：葡萄糖为 20.8g/L，酵母浸粉为 25.3g/L，MgSO$_4$·7H$_2$O 为 0.39g/L 和 L-半胱氨酸为 1.0g/L，柠檬酸三铵 2.0g/L，KH$_2$PO$_4$·3H$_2$O 6g/L，乙酸钠 2.5g/L，吐温 80 1mL/L。

（3）验证实验

由表 2-25 可知，在响应面法所预测的理论最佳培养条件处做 3 次验证实验，得出细菌素效价平均值为 148.51AU/mL，实验误差为 3.2% < 5.0%，符合要求。

表 2-25　响应面法优化结果的验证实验结果

条件	细菌素效价/（AU·mL^{-1}）	误差/%
预测值	153.49	
实际值	148.51	3.2
相差	4.98	

在优化前的 SL 培养基中细菌素效价为 38.83AU/mL，在优化后的培养基中细菌素效价为 148.51AU/mL，提高了 282.46%。

2.4.4.3 发酵条件对菌体生长和细菌素效价的影响

（1）初始 pH 对菌体生长及细菌素产量的影响

培养基的 pH 对菌种的生长和代谢产物的合成都有影响。前人研究发现，培养基 pH 对产细菌素细菌的生长和细菌素效价都有很大的影响，一般低 pH 不利于细菌菌体的生长和细菌素的产生。因此实验考察了初始 pH 对细胞生长和细菌素效价的影响，实验结果见图 2-55。

由图 2-55 可见，培养基的初始 pH 显著影响米酒乳杆菌 C2 的菌体生长和细菌素的产生，菌体生长的最适初始 pH 与细菌素产生的初始 pH 不一致，初始 pH 6.0 时细菌素效价最大，初始 pH 7.0 时菌体 OD_{600} 值最大。酸性条件不利于菌体的生长和细菌素的产生。这个实验结果与 Todorov 等报道的植物乳杆菌 ST194BZ 产细菌素的最佳初始 pH 为 5.5~6.5 的结论相一致。

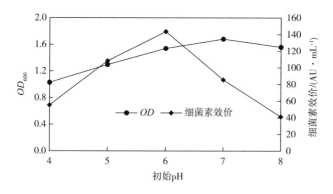

图 2-55　初始 pH 对菌体生长及细菌素产量的影响

（2）种龄对菌体生长及细菌素产量的影响

种子培养液中菌体细胞的活性直接影响发酵过程中微生物菌体的生长和各种代谢产物的产生。种子培养液中菌体细胞的活性与细胞的生长阶段直接相关。因此，实验考察了种龄对发酵过程中菌体生长及细菌素效价的影响，实验结果见图 2-56。

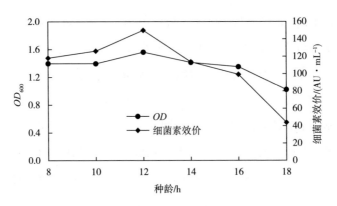

图 2-56　种龄对菌体生长及细菌素产量的影响

由图 2-56 可见，种龄对菌体生长和细菌素的产生影响显著，当种龄为 12h 时，细菌素效价和细胞的生长达到最大，当种龄大于 12h 时细胞衰老，活力下降，导致接种后在发酵过程中细胞生长量和细菌素效价显著降低。

（3）接种量对菌体生长及细菌素产量的影响

由图 2-57 可见，接种量在 1.0%~3.0% 对菌体的生长影响不显著，但对细菌素效价影响显著，当接种量为 2.5% 时，细菌素效价最大，而接种量过大或过小均不利于细菌素的产生。这可能是由于当接种量小时，菌体达到稳定期时繁殖的代数多，菌体生长消耗的营养成分多，使细菌素效价下降，当接种量过大时，菌体进入稳定期需要的时间缩短，发酵 24h 后菌体已进入衰亡期导致了细菌素效价量下降。因此细菌素发酵适宜的接种量为 2.5%。

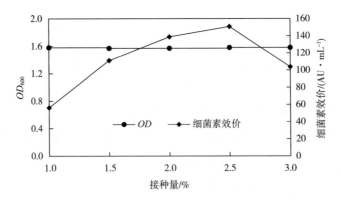

图 2-57　接种量对菌体生长及细菌素产量的影响

（4）发酵方式对菌体生长及细菌素产量的影响

由图 2-58 可以看出发酵方式对米酒乳杆菌 C2 细胞的生长和细菌素效价影响不显著。米酒乳杆菌、乳链球菌和乳酸乳杆菌等乳酸菌为耐氧菌，细胞在生长过程中不需要氧，菌体也不能利用氧，但分子氧对它也无毒害作用。因此，从节省能源角度考虑，对米酒乳杆菌 C2 应采用静置发酵。

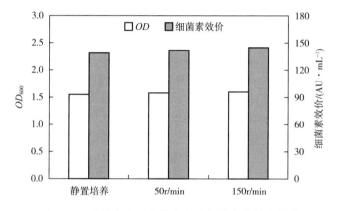

图 2-58　发酵方式对菌体生长及细菌素产量的影响

（5）培养温度对菌体生长及细菌素产量的影响

温度是影响微生物生长和代谢产物生成的最重要的因素之一。实验考察了温度对菌体生长和细菌素效价的影响，实验结果见图 2-59 和图 2-60。

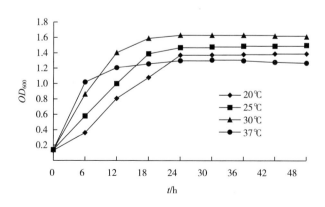

图 2-59　培养温度对米酒乳杆菌 C2 菌体生长的影响

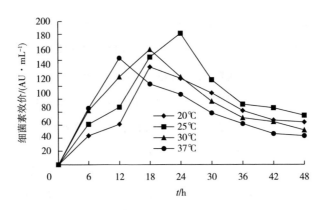

图 2-60 培养温度对米酒乳杆菌 C2 发酵产细菌素的影响

由图 2-59 和图 2-60 可见，随着温度的提高，菌体生长繁殖速度加快，菌体易衰老，不利于发酵产物的生成，同时细胞生长和细菌素发酵的最适温度不一致。Svetoslav 等报道了温度对 *Lactobacillus plantarum* ST194BZ 菌体生长和细菌素产生的影响，结果表明在 MRS 培养基中 30℃ 最适合菌体生长，细菌素产量较高，而 25℃ 细菌素的效价达到最大，而 37℃ 时细菌素产量较低，这表明生长温度对菌体的生长和细菌素的产生起到了重要的作用。Delgado 等研究报道了 *Lactobacillus plantarum* 17.2b 在 32℃ 时菌体生长最快，抑菌活性最高出现在 24℃。本研究与这些研究结果均表明偏高的温度利于乳酸菌菌体的生长，偏低的温度利于细菌素的合成。

（6）验证实验

由以上三角瓶发酵条件的研究确定了细菌素发酵的三角瓶最佳条件为：初始 pH 6.0；种龄 12h；接种量 2.5%；在 25℃ 静置发酵 24h，在此条件和初始发酵条件下（初始 pH 5.4，种龄 16h，接种量 1.5%，在 30℃ 静置发酵 24h）下进行 3 次独立实验，每个实验 3 个平行样，初始条件下细菌素的平均产量为 148.51AU/mL，优化后细菌素的平均产量为 187.21AU/mL，提高了 26.06%。

（7）发酵过程分析

在优化后的发酵条件下，用 10L 发酵罐进行发酵，测定发酵液的 OD_{600}、残糖和细菌素效价，实验结果见图 2-61。

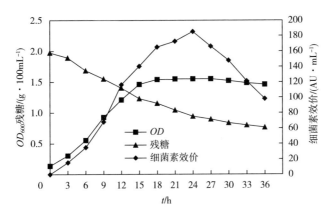

图 2-61　米酒乳杆菌 C2 的发酵曲线

由图 2-61 可见，随着米酒乳杆菌 C2 细胞的生长，细菌素的效价逐渐增大，米酒乳杆菌 C2 细胞在 18h 进入稳定期，细菌素在菌体生长的稳定期中期（24h）达到最大。但随着米酒乳杆菌 C2 细菌素发酵的继续进行，细菌素的产量则显著下降，这可能是由于在稳定期中后期米酒乳杆菌 C2 细胞会不断合成蛋白酶，将细菌素降解而导致的。因此，在米酒乳杆菌 C2 的发酵过程中，细胞的生长和细菌素的产生呈部分偶联关系。由于米酒乳杆菌 C2 细胞的生长和细菌素的产生的最适条件不一致，因此可设计分段发酵方式对细胞生长阶段（延迟期和对数生长期前期）和细菌素大量生成阶段（对数生长期中后期和稳定期）分别控制，以促进细菌素的产生。在细菌素发酵的研究中还未见相关的报道。

2.4.4.4　补料分批发酵技术研究

（1）碳源补加方式对细胞生长和细菌素产生的影响

①初始糖浓度对细胞的生长和细菌素产生的影响。三角瓶发酵的结果表明，碳源是影响细菌素产量的重要因素。实验首先采用不同的初始葡萄糖浓度，从 3h 开始补糖，补加流速为 2g/（L·h）来考察初始碳源浓度对细胞生长和细菌素效价的影响，实验结果见图 2-62 和图 2-63。

由图 2-62 和图 2-63 可以看出，初始糖浓度对细胞生长和细菌素的产生影响显著，初始糖浓度较低时（5g/L）适合细胞的生长，而初始糖浓度较高时（20g/L）由于渗透压的增大而影响了细胞的生长。因此细胞生长的最佳初始糖浓度为5g/L。但在前6h，初始糖浓度5g/L和10g/L对菌体生长影响不显著。当初始糖浓度较低时（5g/L）不能满足细菌素大量合成的需要，初始糖浓度高时（20g/L），由于糖的迅速消耗，菌体衰老而引起细菌素效价的降低。综合考虑细菌素发酵的适宜初始糖浓度为10g/L。

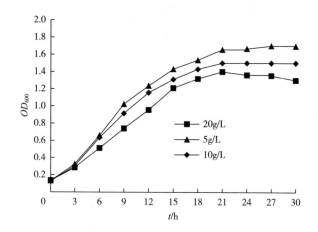

图2-62 初始糖浓度对细胞生长的影响

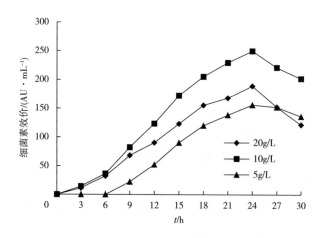

图2-63 初始糖浓度对细菌素产生的影响

②流速对细胞生长和细菌素产量的影响。初始糖浓度为10g/L，3h开始补糖，考察不同的葡萄糖补加流速（流速1：2g/（L·h）；流速2：4g/

（L·h）；流速3：6g/（L·h））对细胞生长和细菌素产量的影响，实验结果见图2-64和图2-65。

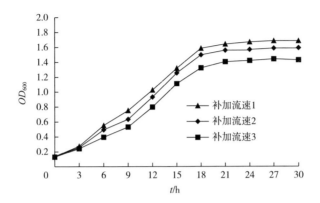

图2-64　流加速度对细胞生长的影响

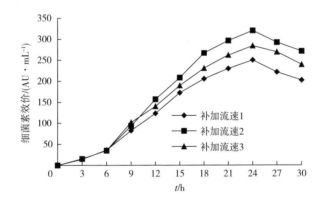

图2-65　流加速度对细菌素产生的影响

由图2-64和图2-65可见，补加流速对细胞的生长和细菌素的产生影响显著，补加流速2g/（L·h）时对细胞的生长有利，在发酵前期（3~6h）补加流速对细胞生长影响显著。初始糖浓度10g/L，补加流速4g/（L·h）时，细菌素的产量最大达320.16AU/mL，比分批发酵（188.28AU/mL）提高了70.04%。

③碳源补加策略。由实验①得出发酵过程的初始糖浓度为10g/L。由实验②得出补加流速2g/（L·h）对细胞的生长有利，而且在发酵前期补

加流速对细胞生长影响显著；最适细菌素发酵的补加流速为 4g/（L·h）。
在此基础上设计了分段补加策略，初始糖浓度为 10g/L，第一段（0~6h）：
3h 开始补糖，补加流速 2g/（L·h），第二段（6~30h）：补加流速 4g/（L·h）。
实验结果见图 2-66。

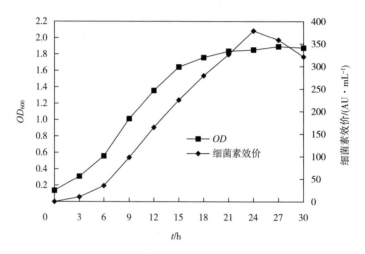

图 2-66 分段补加策略下细胞生长和细菌素的产生

由图 2-66 可见，在此条件下细菌素的效价达 379.12AU/mL，比不分
段补加（320.16AU/mL）提高了 18.42%。

（2）温度的调控

由三角瓶发酵实验的结果 2.4.4.3（5）可知，细胞生长和细菌素发酵
的最适温度不一致。30℃ 最适合菌体生长，而 25℃ 细菌素的效价最大。因
此实验探讨了两段控温发酵对细胞生长和细菌素发酵的影响。初始糖浓度
10g/L，分批发酵过程中（不补料）对温度分两段控制，第一段（0~6h）：
温度控制在 30℃，以促进菌体的生长；第二段（6~30h）：温度调整为
25℃，以利于细菌素的发酵。实验结果见图 2-67。

由图 2-67 的两段控温发酵曲线可以看出，细菌素产量为 368.86AU/mL，
比分批恒温发酵（不补料）的最大值（25℃ 条件下 320.16AU/mL）提高
了 15.21%，实验表明了两段控温发酵对细菌素的产生是有利的。

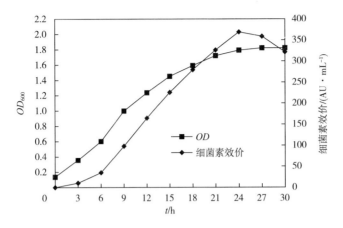

图 2-67　分段控温发酵条件下细胞生长和细菌素的产生

（3）两段补料两段控温发酵策略

将以上的两段补料与两段控温相结合，第一阶段（0~6h）：初始糖浓度为 10g/L，从发酵 3h 开始补糖，补加流速 2g/（L·h），温度 30℃；第二阶段（从 6h 开始）补加流速调整为 4g/（L·h），温度调整为 25℃。在此条件下其细菌素最大效价为 428.62AU/mL，比分批发酵提高了 127.65%。

2.4.5　本章小结

①对米酒乳杆菌 C2 三角瓶发酵的基础培养基、碳源、有机氮源、无机盐和补加氨基酸对细胞生长和细菌素产量的影响进行研究，确定细菌素发酵的最佳基础培养基为 SL 培养基，碳源为葡萄糖，有机氮源为酵母浸粉，金属离子为 $MgSO_4 \cdot 7H_2O$，补加的氨基酸为 L-半胱氨酸，以单因素实验确定的营养物的添加量为中心点，采用四元二次旋转正交组合试验设计和响应面法优化，最终确定的优化培养基组成为：酵母浸粉 25.3g/L，葡萄糖 20.8g/L，L-半胱氨酸 1.0g/L，$MgSO_4 \cdot 7H_2O$ 0.39g/L，柠檬酸三铵 2.0g/L，$KH_2PO_4 \cdot 3H_2O$ 6g/L，乙酸钠 2.5g/L，吐温 80 1mL/L。在此条件下细菌素的效价达到 148.51AU/mL，比优化前提高了 282.46%。

②在优化的培养基基础上研究了初始 pH、种龄、接种量、发酵方式和发酵温度对米酒乳杆菌 C2 细胞生长和细菌素产量的影响，确定了最佳三角瓶发酵条件为：初始 pH 6.0，种龄 12h，接种量 2.5%，25℃发酵 24h，在此条件下细菌素的效价为 187.21AU/mL，比优化前提高了 26.06%。

③采用发酵罐进行补料分批发酵，研究了初始糖浓度和补加流速对细胞生长和细菌素效价的影响，确定了细菌素发酵的最佳初始糖浓度为10g/L，补加流速为 4g/（L·h），在此条件下细菌素的产量 320.16AU/mL，比分批式发酵（188.28AU/mL）提高了 70.21%。在此基础上设计采用分段补加策略，细菌素的效价最大为 379.12AU/mL，比不分段补加提高了 18.42%。

④采用两段控温发酵策略，第一段（0~6h）：温度为 30℃，第二段（6~30h）：温度为 25℃，此条件比恒温发酵的最大值提高了 15.21%。采用两段补料和两段控温发酵结合使用，细菌素最大效价为 428.62AU/mL，比分批发酵提高了 127.65%。

2.5 米酒乳杆菌素 C2 稳定性及协同抗菌作用研究

2.5.1 引言

乳酸菌产生的细菌素以其对动物无毒性、易被人体消化道中的蛋白酶降解、不会在体内蓄积引起不良反应等特性，被认为是一种具有广阔应用前景的天然食品防腐剂。为了保障食品的安全，必须在食品的生产加工和运输贮藏各个环节中有效地控制腐败菌的生长，乳酸菌细菌素作为一种抑菌活性物质，如果能够作为生物防腐剂在食品的加工和保藏过程中应用，就要面临细菌素是否能够抵抗高温、高压、高盐、冷冻、冷藏等环境问题。

栅栏技术是近年来为了满足食品的营养、稳定、安全和降低生产成本的需要而发展起来的一种综合防腐保藏技术，是采用不同的防腐技术或不同的抗菌剂联合使用而达到温和而有效的防腐手段。尽管乳酸菌细菌素具有很好的安全性，但单独使用其效果往往受到限制。前人对乳酸菌细菌素之间和细菌素与化学防腐剂对革兰氏阳性细菌的协同抑制作用进行了一些相关的研究。Giesová 等人研究表明乳酸菌细菌素 acidocin CH5 和 bacteriocin D10 与食品化学防腐剂对羟基苯甲酸甲酯、对羟基苯甲酸丙酯和 EDTA 具有协同作用。Vignolo 等人研究表明 actocin705、enterocin CRL35 和 nisin 在培养基和肉中均对李斯特氏菌具有协同抑制作用。另外，Limonet 等人和 Bouttefroy 等人的研究也表明乳酸菌细菌素 mesenterocins 52A 和 52B、nisin 和 curvaticin 13 也存在协同抑制作用。目前这些协同抑制作用均以革兰氏阳性细菌为研究对象，虽然 *E. coli* 和 *Salmonella typhimurium* 等革兰氏阴性菌是食品中的致病菌，但对革兰氏阴性细菌的协同抑制作用很少被研究。由于大多数乳酸菌细菌素对革兰氏阴性细菌没有抑制作用，因此采用细菌素和抗菌剂或杀菌工艺联合使用抑制革兰氏阴性菌的研究逐渐引起人们的关注。

为了将 sakacin C2 更好的应用于食品中，提高应用效果，本实验确定了此细菌素的抑菌谱，并采用琼脂扩散法，以金黄色葡萄球菌为指示菌，研究了 sakacin C2 的生物稳定性，以期为其在食品中的应用奠定基础。并且研究了 sakacin C2 和其他防腐剂的协同作用，这对减少防腐剂的用量，降低食品防腐保藏的成本，提高产品的货架期有实际的应用意义。

2.5.2 实验材料

2.5.2.1 试验菌种

细菌素产生菌：*L. sakei* C2。

S. aureus ATCC 63589 和 *E. coli* ATCC 25922：中国科学院微生物研究所普通微生物菌种保藏中心购买，微生物实验室保藏。

2.5.2.2 仪器和设备

实验用主要仪器与设备见表 2-26。

表 2-26　主要仪器与设备

仪器名称	型号	生产厂家
紫外可见分光光度计	T6 新世纪	北京普析通用仪器有限责任公司
电热恒温鼓风干燥箱	DGG-9053	上海森信实验仪器有限公司
台式多管架离心机	TD5A	长沙英泰仪器有限公司
大容量低速台式离心机	LD4-40	北京京立离心机有限公司
电子天平	AR-2140	上海梅特勒-托利多仪器有限公司
生化培养箱	SHP-250	上海森信实验仪器有限公司
生物洁净工作台	BCN-1360	北京东联哈尔仪器制造有限公司
电热恒温水锅	DK-S24	上海森信实验仪器有限公司
电热恒温培养箱	DRP-9082	上海森信实验仪器有限公司
立式压力蒸汽灭菌器	LDZX-75KBS	上海申安医疗器械厂
pH 计	DELTA-320	上海梅特勒-托利多仪器有限公司

2.5.2.3　主要培养基

种子培养基：改良 MRS 培养基（g/L）。

发酵培养基：优化的 SL 培养基（g/L）。

不同指示菌所使用的培养基不同，细菌常用营养肉汤培养基，酵母常用 YEPD 培养基，霉菌常用 PDA 培养基。

营养肉汤液体培养基（g/L）：牛肉膏 3g，NaCl 5g，蛋白胨 8g，pH 7.4~7.6，121℃灭菌 20min。

营养肉汤固体培养基（g/L）：琼脂粉 15g，其余同指示菌液体培养基。

YEPD 液体培养基（g/L）：酵母粉 10g，蛋白胨 20g，葡萄糖 20g，pH 自然，121℃灭菌 20min。

YEPD 固体培养基（g/L）：琼脂 18~20g，其余同液体培养基。

PDA 液体培养基（g/L）：马铃薯 200g，葡萄糖 20g，pH 自然，121℃灭菌 20min。

PDA 固体培养基（g/L）：琼脂 15~20g，其余同液体培养基。

2.5.2.4　试剂

实验所用的主要试剂见表 2-27。

表 2-27　主要试剂

药品名称	规格	生产厂家
葡萄糖	分析纯	天津市科密欧化学试剂有限公司
酵母膏	生化试剂	北京奥博星生物技术有限公司
蛋白胨	生化试剂	北京奥博星生物技术有限公司
牛肉膏	生化试剂	北京奥博星生物技术有限公司
$K_2HPO_4 \cdot 3H_2O$	分析纯	天津市大茂化学试剂厂
结晶乙酸钠	分析纯	天津市大茂化学试剂厂
柠檬酸三铵	分析纯	天津市大茂化学试剂厂
$MnSO_4 \cdot 4H_2O$	分析纯	北京五七六〇一化工厂
吐温 80	化学纯	天津市瑞金特化学品有限公司
甘油	化学纯	天津市瑞金特化学品有限公司
L-半胱氨酸	分析纯	AMRESCO
琼脂粉	生化试剂	天津市英博生化试剂有限公司
无水乙醇	分析纯	天津市北方化玻购销中心
NaOH	分析纯	天津市大茂化学试剂厂
$CaCO_3$	分析纯	北京红星化工厂
KCl	分析纯	天津市大茂化学试剂厂
NaCl	分析纯	天津市大茂化学试剂厂
$MgSO_4 \cdot 7H_2O$	分析纯	天津市大茂化学试剂厂
CaCl	分析纯	天津市大茂化学试剂厂
$CuSO_4 \cdot 5H_2O$	分析纯	天津市大茂化学试剂厂
SDS	分析纯	沈阳市新西试剂厂
乙醚	分析纯	天津市大茂化学试剂厂
丙酮	分析纯	天津市大茂化学试剂厂
异丙酮	分析纯	天津市大茂化学试剂厂
氯仿	分析纯	哈尔滨化工化学试剂厂
甲苯	分析纯	哈尔滨化工化学试剂厂
甘油	分析纯	天津市北方天医化学试剂厂

2.5.3 实验方法

2.5.3.1 发酵液的制备

挑取 *Lactobacillus sakei* C2 接种于 MRS 液体培养基中，30℃培养 12h。再将其转接到 SL 液体培养基中，于 30℃恒温培养 24h。将菌种发酵液 4000r/min 离心 20min，取无细胞上清液调 pH 至 6.0，旋转蒸发浓缩 10 倍。4 倍体积无水乙醇过夜沉淀，旋转蒸发浓缩到原体积的 2 倍备用。

2.5.3.2 Sakacin C2 抑菌活性的测定方法

将上述制得的细菌素发酵液采用倍比稀释法（图 2-68），点样 20μL。

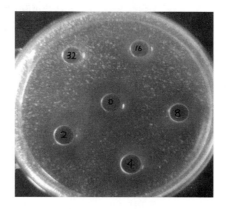

图 2-68　倍比稀释

将已知效价的发酵液分别稀释成 0.1、0.2、0.3、0.4、0.5、0.6、0.7、0.8、0.9 的 9 种浓度，将稀释的发酵液和未稀释的发酵液（即浓度为 1 的发酵液）各取 50μL，测定细菌素抑菌圈的大小，每个浓度重复 3 个平板，以所得到的对应抑菌圈直径为横坐标，对应的效价值对数为纵坐标，绘制标准曲线（图 2-69）。

2.5.3.3 食品成分对 sakacin C2 生物稳定性的影响

（1）乳糖对 sakacin C2 生物稳定性的影响

将不同量的乳糖加入 sakacin C2 粗提液中，摇匀，静止放置 4h，采用琼脂扩散法测定无机盐对 sakacin C2 抑菌活性的影响。

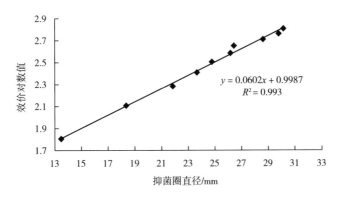

图 2-69　sakacin C2 效价标准曲线

（2）蛋白质对 sakacin C2 生物稳定性的影响

将不同量大豆蛋白质加入 sakacin C2 粗提液中，摇匀，静止放置 4h，采用琼脂扩散法测定无机盐对 sakacin C2 抑菌活性的影响。

（3）脂肪对 sakacin C2 生物稳定性的影响

将不同量的豆油加入 sakacin C2 粗提液中，摇匀，静止放置 4h，采用琼脂扩散法测定无机盐对 sakacin C2 抑菌活性的影响。

（4）无机盐对 sakacin C2 抑菌活性的影响

将不同摩尔浓度的 NaCl、KCl、$MgSO_4$、$CaCl_2$ 和 $CuSO_4$ 加入 sakacin C2 粗提液中，摇匀，静止放置 4h，采用琼脂扩散法测定无机盐对 sakacin C2 抑菌活性的影响。

（5）有机溶剂对 sakacin C2 抑菌活性的影响

将不同体积的乙醚、丙酮、异丙酮、氯仿、甲苯加入 sakacin C2 粗提液中，摇匀，静止放置 4h，测定有机溶剂对 sakacin C2 抑菌活性的影响。并采用 SAS 8.2 统计分析软件对实验结果进行单因素方差分析。

2.5.3.4　环境条件对 sakacin C2 生物稳定性的影响

（1）室内自然光照射对 sakacin C2 稳定性的影响

将 sakacin C2 溶液，放置室内光线下，定时取出，采用琼脂扩散法测定处理前后的 sakacin C2 对金黄葡萄球菌的抑菌活性，以未处理的样品作为对照。

（2）避光存放对 sakacin C2 稳定性的影响

将 sakacin C2 溶液（同室内光照组）放置暗室里，定时取出，采用琼脂扩散法测定处理前后的 sakacin C2 对金黄葡萄球菌的抑菌活性，以未处理的样品作为对照。

（3）日光照射对 sakacin C2 稳定性的影响

将 sakacin C2 溶液，放置日光（28~31℃）下暴晒，定时取出，采用琼脂扩散法测定处理前后的 sakacin C2 对金黄葡萄球菌的抑菌活性，以未处理的样品作为对照。

（4）紫外光照射对 sakacin C2 稳定性的影响

将 sakacin C2 溶液，放置暗室中用紫外灯照射，定时后取出，采用琼脂扩散法测定处理前后的 sakacin C2 对金黄葡萄球菌的抑菌活性，以未处理的样品作为对照。

（5）温度对 sakacin C2 稳定性的影响

在 80℃、90℃、100℃ 下，将 sakacin C2 分别处理 30min 和 60min，121℃处理 15min 后，采用琼脂扩散法测定处理前后的 sakacin C2 对金黄葡萄球菌的抑菌活性，以未处理的样品作为对照。

（6）pH 对 sakacin C2 稳定性的影响

将 pH 调整为 2~11 的 sakacin C2 样品，作用 12h 后将 pH 调至 6.0。以未处理的 sakacin C2 样品作为空白对照，以金黄色葡萄球菌为指示菌，评价 pH 对 sakacin C2 抑菌活性的影响。

（7）恒温振荡对 sakacin C2 稳定性的影响

将 sakacin C2 溶液置于广口瓶中，振荡培养箱中振荡，转速为 120r/min，定时取出，采用琼脂扩散法测定处理前后的 sakacin C2 对金黄葡萄球菌的抑菌活性，以未处理的样品作为对照。

2.5.3.5　Sakacin C2 对 S. aureus ATCC 63589 和 E. coli ATCC 25922 的抗菌效果

补加了乳酸菌细菌素 sakacin C2（0~30AU/mL）的灭菌营养肉汤液体培养基接种 1% 过夜培养的 *S. aureus* ATCC 63589 或 *E. coli* ATCC 25922，

30℃，100r/min 培养 12h 后，测定 sakacin C2 对 *S. aureus* ATCC 63589 和 *E. coli* ATCC 25922 的抗菌效果。以不添加 sakacin C2 的营养肉汤液体培养基为空白对照。

2.5.3.6　Sakacin C2 与食品防腐剂的协同作用

在含有 sakacin C2（10AU/mL）的两种菌的营养肉汤液体培养基中分别添加 Nisin（1~5mg/L）、对羟基苯甲酸甲酯（0.02~0.16g/L）和亚硝酸钠（0.02~0.10g/L），以只添加防腐剂，不添加剂 sakacin C2 的含菌的营养肉汤培养液做对照，在 30℃，100r/min 培养 12h 后进行抑菌效果的测定。

2.5.3.7　抗菌效果测定

抗菌效果用抑菌率来表示。抑菌率（I）= $100 - 100 \times OD/OD_0$（%）。其中 OD_0 为空白对照的在 600nm 下的 OD 值，OD 为含乳酸菌细菌素 sakacin C2 的细胞培养物培养 12h 后在 600nm 下的 OD 值。

2.5.4　结果与分析

2.5.4.1　食品成分对 sakacin C2 生物稳定性的影响

（1）乳糖对 sakacin C2 生物稳定性的影响

由图 2-70 可以看出，当乳糖添加量在 0~8% 的范围内，乳糖添加量对细菌素抗菌活性的影响不显著。

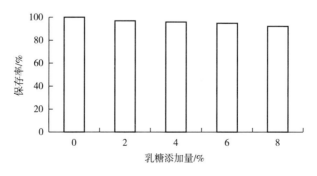

图 2-70　乳糖对 sakacin C2 抑菌活性的影响

（2）蛋白质对 sakacin C2 生物稳定性的影响

由图 2-71 可以看出，随着大豆蛋白添加量的提高，细菌素的活性呈下降的趋势，大豆蛋白添加量对抗菌活性的影响显著。但蛋白含量低时，抗菌活性的保存率仍然很高，当蛋白含量为 2% 时，其活性的保存率为 90.9%。

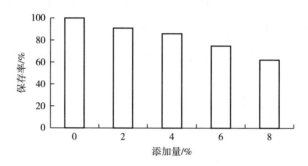

图 2-71　蛋白质对 sakacin C2 抑菌活性的影响

（3）脂肪对 sakacin C2 生物稳定性的影响

由图 2-72 可以看出，随着脂肪添加量的提高，细菌素的抗菌活性显著下降，但当脂肪含量低时，相对活性的保存率较高，当脂肪含量为 2% 时，其活性的保存率为 85.9%。

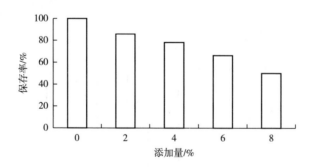

图 2-72　脂肪对 sakacin C2 抑菌活性的影响

（4）无机盐对 sakacin C2 抑菌活性的影响

由图 2-73 可见，无机盐对 sakacin C2 的抑菌活性影响显著。随着无机盐浓度的提高，sakacin C2 抑菌活性的损失逐渐增大。当无机盐浓度较低（0.15mol/L）时，抑菌活性损失较小，最大仅为9%。而当无机盐浓度较高（0.9mol/L）时，抑菌活性损失较大，最大可达46%。韩雪等对乳酸片球菌素的研究也表明了经不同浓度的无机盐处理后，乳酸片球菌素的抑菌活性降低。

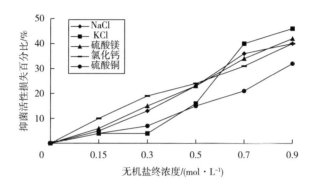

图 2-73　无机盐对 sakacin C2 抑菌活性的影响

（5）有机溶剂对 sakacin C2 抑菌活性的影响

本试验对有机溶剂是否对 sakacin C2 的抑菌活性有影响也做了研究，主要考察了乙醚、丙酮、异丙酮、氯仿、甲苯，试验结果见表 2-28。

表 2-28　有机溶剂加量对 sakacin C2 抑菌活性的影响

有机溶剂	0	10%	20%	30%	40%	50%	显著性 $P > F$
乙醚	415.8	410.3±22.6	379.7±22.3	393.1±22.0	367.7±22.5	353.3±24.8	0.2954
丙酮	400.6	391.1±24.1	399.5±22.9	383.7±22.2	356.1±22.0	341.3±24.4	0.3049
异丙酮	381.8	386.8±22.2	395.2±22.5	357.1±22.6	359.1±26.1	346.8±23.6	0.2906
氯仿	388.0	389.0±22.3	389.0±22.2	360.1±22.6	368.7±21.6	346.8±23.7	0.3840
甲苯	388.0	373.6±22.6	373.6±22.0	392.1±22.3	361.0±23.3	348.6±22.1	0.3119

由表2-28可见，在有机溶剂加量10%~50%的范围内，有机溶剂对sakacin C2抑菌活性影响差异不显著。通过单因素方差分析所得的 P 值在 0.05 水平上

影响差异不显著。在乳酸片球菌细菌素的分离纯化及特性其他研究中结果表明有机溶剂对细菌素抑菌活性影响不显著，与本文结果基本一致。

2.5.4.2 环境条件对 sakacin C2 稳定性的影响

（1）室内自然光照射对 sakacin C2 稳定性的影响

由图 2-74 可以看出，避光存放对抗菌活性的影响不显著。避光存放第 12 天，抗菌活性的保存率依然在 90% 以上。

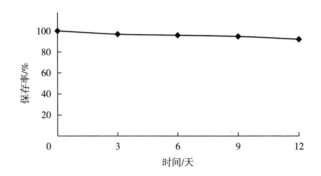

图 2-74　室内自然光照对 sakacin C2 抑菌活性的影响

（2）避光存放对 sakacin C2 稳定性的影响

由图 2-75 可以看出，避光存放对 sakacin C2 抑菌活性的影响不显著。避光室温存放 8 天后，抗菌活性损失小于 5%。

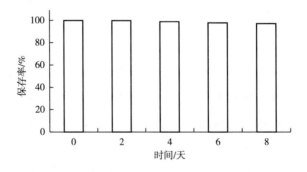

图 2-75　避光存放对 sakacin C2 抑菌活性的影响

（3）日光照射对 sakacin C2 稳定性的影响

由图 2-76 可以看出，日光照射对 sakacin C2 抑菌活性的影响显著。避

光室温存放 12 天后, 抗菌活性损失为 28.4%

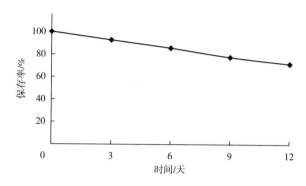

图 2-76 日光照射对 sakacin C2 抑菌活性的影响

(4) 紫外照射对 sakacin C2 稳定性的影响

由图 2-77 可以看出, 紫外照射对 sakacin C2 抑菌活性的影响显著。随着紫外照射时间的延长, 抑菌活性的损失逐渐增大, 当照射时间达到 12h 时, 抗菌活性的保存率只有 51.6%。

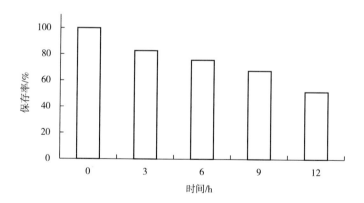

图 2-77 紫外照射对 sakacin C2 抑菌活性的影响

(5) 温度对 sakacin C2 稳定性的影响

食品在加工过程中往往要经过高温消毒处理, 因此实验对 sakacin C2 的热稳定性进行了研究, 实验结果见表 2-29。

表 2-29　温度对 sakacin C2 抑菌活性的影响

处理方法	抑菌活性损失百分率/%
80℃（30min）	0.0
80℃（60min）	0.0
90℃（30min）	3.7
90℃（60min）	8.5
100℃（30min）	11.8
100℃（60min）	15.9
121℃（15min）	19.1

由表 2-29 可以看出，sakacin C2 具有较强的热稳定性，在 121℃ 处理 15min 后抑菌活性仅降低了 19.1%。吕燕妮等人研究的戊糖乳杆菌 31-1 菌株产细菌素在 100℃ 处理 15min 仍能保持 50% 的活性，121℃ 处理 15min 还能保持部分活性。巴氏杀菌一般为 60~80℃，15min，因此在食品的加工过程中，添加 sakacin C2 后不会因食品杀菌处理而导致抑菌作用的丧失。

（6）pH 对 sakacin C2 稳定性的影响

不同食品的 pH 不同，因此在食品中添加 sakacin C2 后其抑菌活性可能会受到 pH 的影响，为了确定其应用的 pH 范围，实验研究了 pH 对 sakacin C2 稳定性的影响，实验结果见表 2-30。

表 2-30　pH 对 sakacin C2 抑菌活性的影响

pH	抑菌活性损失百分率/%
2.0	43.5
3.0	19.1
4.0	15.3
5.0	14.0
6.0	0.0
7.0	8.1
8.0	17.9

续表

pH	抑菌活性损失百分率/%
9.0	24.7
10.0	25.3
11.0	49.8

由表 2-30 可见，在 pH 3.0~8.0，sakacin C2 的抑菌活性很稳定，抑菌活性损失小于 20%，但在 pH 小于 3.0 和 pH 大于 9.0 的条件下抑菌活性损失较大。吕燕妮等人研究的戊糖乳杆菌及韩雪研究的乳酸片球菌在酸性和中性条件下稳定性都很高。不同食品的 pH 不同，一般蔬菜的 pH 为 5~6，动物食品的 pH 为 5~7，水果的 pH 为 3~5。因此 sakacin C2 在食品的 pH 范围内，具有较强的稳定性。

（7）恒温振荡对 sakacin C2 稳定性的影响

由图 2-78 可以看出，恒温振荡对细菌素的抗菌活性的影响不显著。恒温振荡 7 天后其抗菌活性的保存率仍然大于 90%。

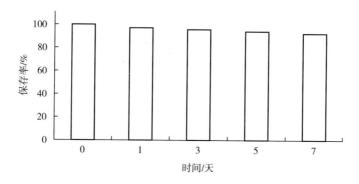

图 2-78　恒温振荡对 sakacin C2 抑菌活性的影响

2.5.4.3　Sakacin C2 与其他防腐剂协同作用研究

（1）Sakacin C2 对 *S. aureus* ATCC 63589 和 *E. coli* ATCC 25922 的抗菌效果

为了研究食品防腐剂对 sakacin C2 抗菌效果的影响，需要确定在培养基中添加的乳酸菌细菌素 sakacin C2 的抗菌活性，由图 2-79 可以看出，

20AU/mL 的 sakacin C2 对 *S. aureus* ATCC 63589 和 *E. coli* ATCC 25922 的抗菌效果分别为 100% 和 48.7%。这个结果表明了 *S. aureus* ATCC 63589 比 *E. coli* ATCC 25922 对细菌素 sakacin C2 更敏感。当添加 10AU/mL sakacin C2 后，对 *S. aureus* ATCC 63589 和 *E. coli* ATCC 25922 的抑制率分别为 41.3% 和 29.3%，因此 10AU/mL sakacin C2 便于观察食品防腐剂与 sakacin C2 是否具有协同作用。

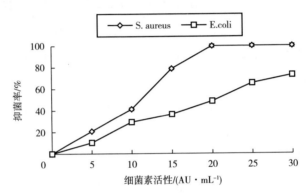

图 2-79　Sakacin C2 对 *S. aureus* ATCC 63589 和 *E. coli* ATCC 25922 的抑菌效果

（2）Nisin 对 sakacin C2 抗菌效果的影响

Nisin 通常应用在干酪、肉制品、蔬菜的加工中，只对革兰氏阳性细菌有抑制作用。由图 2-80 可以看出，当 nisin 含量在 1~5mg/L 时，单独使用对两种指示菌没有抑制作用。但是当 10AU/mL 的 sakacin C2 与 5mg/L nisin 联合使用时，使 sakacin C2 对 *S. aureus* ATCC 63589 的抗菌率由 41.3% 提高到 58.9%，对 *E. coli* ATCC 25922 的抗菌率由 29.3% 提高到 41.2%。尽管 nisin 不能抑制革兰氏阴性菌 *E. coli* ATCC 25922 但却显著提高了 sakacin C2 对 *E. coli* ATCC 25922 的抗菌效果。课题组进行的 Sakacin C2 对革兰氏阴性菌抗菌作用的研究结果表明 Sakacin C2 主要作用于细菌细胞壁膜。Nisin 主要作用于革兰氏阳性菌的肽聚糖，而革兰氏阴性菌种的肽聚糖含量少，且含有较多的磷脂、蛋白质和脂多糖，因此对革兰氏阴性菌没有抑制作用。当 nisin 与 Sakacin C2 联合使用时，nisin 可能在 Sakacin C2 作用细胞壁膜的时候，增强了对肽聚糖的作用，从而提高了 Sakacin C2 的抑菌效果。目前 Nisin 与乳酸菌细菌素 pediocin AcH 和 curvaticin 13 对革兰氏阳性细菌的协同抑制作用已有相关的研究报道。但 Nisin 与乳酸菌细菌素对革兰氏阴性细菌的协同抑制作用未见相关的研究报道。

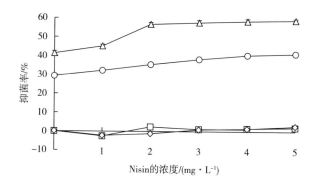

图 2-80　Nisin 对 sakacin C2 抑菌效果的影响

（△：含有 nisin 时，sakacin C2 对 *S. aureus* ATCC 63589 的抑菌效果；○：含 nisin 时，sakacin C2 对 *E. coli* ATCC 25922 的抑菌效果；◇：Nisin 对 *S. aureus* ATCC 63589 的抑菌效果；□：Nisin 对 *E. coli* ATCC 25922 的抑菌效果）

（3）对羟基苯甲酸甲酯对 sakacin C2 抑菌效果的影响

对羟基苯甲酸甲酯已作为革兰氏阳性细菌、酵母和霉菌的抗菌剂广泛应用于食品和药品中。对羟基苯甲酸甲酯其作用机制是破坏微生物的细胞膜，使细胞内的蛋白质变性，并可抑制微生物细胞的呼吸酶系与电子传递酶系的活性。由图 2-81 可以看出，在对羟基苯甲酸甲酯的含量不高于 0.16g/L 时，单独使用对 *S. aureus* ATCC 63589 和 *E. coli* ATCC 25922 没有抑制作用。但当与 10AU/mL 的 sakacin C2 联合使用时，0.16g/L 对羟基苯甲酸甲酯使 sakacin C2 对 *S. aureus* ATCC 63589 和 *E. coli* ATCC 25922 的抑菌率分别从 41.3% 和 29.3% 提高到 71.6% 和 45.8%。这种 sakacin C2 与对羟基苯甲酸甲酯的协同作用可能是由于 sakacin C2 对革兰氏阴性菌和阳性菌均有抑制作用，且主要作用于细胞壁膜，而对羟基苯甲酸甲酯可在此基础上进入细胞，作用于细胞的呼吸酶系与电子传递酶系，从而起到协同作用。

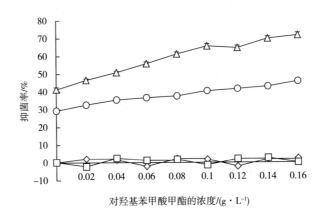

图 2-81　对羟基苯甲酸甲酯对 sakacin C2 抑菌效果的影响

（△：含有对羟基苯甲酸甲酯时，sakacin C2 对 *S. aureus* ATCC 63589 的抑菌效果；○：含有对羟基苯甲酸甲酯时，sakacin C2 对 *E. coli* ATCC 25922 的抑菌效果；◇：对羟基苯甲酸甲酯对 *S. aureus* ATCC 63589 的抑菌效果；□：对羟基苯甲酸甲酯对 *E. coli* ATCC 25922 的抑菌效果）

（4）亚硝酸钠对 sakacin C2 抗菌效果的影响

亚硝酸钠作为一种化学防腐剂应用在肉制品中，通常有发色和抗菌两种作用，能够抑制单细胞增生李斯特氏菌和肉毒梭状芽孢杆菌等致病菌。由图 2-82 可以看出，当 sakacin C2 与 0.1g/L 亚硝酸钠联合使用时，使 sakacin C2 对 *S. aureus* ATCC 63589 和 *E. coli* ATCC 25922 的抑菌率分别由 41.3% 和 29.3% 提高到 56.2% 和 47.6%，而单独 0.02~0.1g/L 的亚硝酸钠对两种指示菌没有抑制作用。亚硝酸钠主要作用于细胞的遗传物质。这种 sakacin C2 与亚硝酸钠的协同作用可能是由于 sakacin C2 主要作用于细胞壁膜，形成孔洞便于亚硝酸钠的进入，从而起到协同作用。目前的研究已表明亚硝酸钠在食品中的应用增加了致癌的风险，通过安全的乳酸菌细菌素 sakacin C2 与亚硝酸钠的协同作用可降低亚硝酸钠的用量。

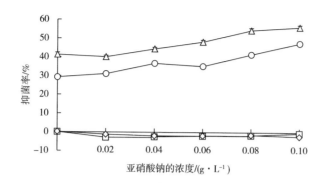

图 2-82　亚硝酸钠对 sakacin C2 抑菌效果的影响

（△：含有亚硝酸钠时，sakacin C2 对 *S. aureus* ATCC 63589 的抑菌效果；○：含亚硝酸钠时，sakacin C2 对 *E. coli* ATCC 25922 的抑菌效果；□：亚硝酸钠对 *S. aureus* ATCC 63589 的抑菌效果；◇：亚硝酸钠对 *E. coli* ATCC 25922 的抑菌效果）

2.5.5　本章结论

①Sakacin C2 的抑菌谱较广，除枯草芽孢杆菌外对所有待试的包括乳酸菌在内的革兰氏阳性细菌均有抑制作用，而且对革兰氏阴性致病菌也有抑制作用，但不抑制霉菌和酵母。

②试验结果表明 sakacin C2 具有较强的热稳定性，在 121℃ 处理 15min 后抑菌活性仅降低了 19.1%；pH 3.0~8.0 时 sakacin C2 的抑菌活性很稳定，抑菌活性损失小于 20%；将不同摩尔浓度的 NaCl、KCl、$MgSO_4$、$CaCl_2$ 和 $CuSO_4$ 加入 sakacin C2 粗提液中，随着无机盐浓度的提高，sakacin C2 抑菌活性的损失逐渐增大，抑菌活性影响显著（$P<0.01$）；不同体积的乙醚、丙酮、异丙酮、氯仿、甲苯加入 sakacin C2 粗提液中，在有机溶剂加量 10%~50% 的范围内对 sakacin C2 抑菌活性影响差异不显著（$P>0.05$）。

③Sakacin C2 与对羟基苯甲酸甲酯、nisin 和亚硝酸钠对革兰氏阳性细菌 *S. aureus* ATCC 63589 具有显著的协同抑制作用。尽管 nisin 不能抑制革兰氏阴性细菌，但 Sakacin C2 与对羟基苯甲酸甲酯、对羟基苯甲酸丙酯、nisin 和亚硝酸钠对革兰氏阴性细菌 *E. coli* ATCC 25922 具有显著的协同抑制作用。在食品工业中，这种乳酸菌细菌素和化学防腐剂的协同抗菌作用

将有助于扩大乳酸菌细菌素和化学防腐剂的应用范围，降低使用剂量，提高应用效果，对提高食品的安全性有重要的意义。

2.6 米酒乳杆菌素 C2 在食品中的应用研究

2.6.1 引言

研究单独使用和与其他生物防腐剂联合使用时，米酒乳杆菌素 C2 的用量及添加时间等对乳制品和肉制品在防腐保藏过程中的微生物及理化、感官指标的影响，确定其在这些食品中的应用方法和剂量。

本试验以鲜牛奶和牛肉为原料，通过考察细菌总数、pH 和感官指标，来判定 sakacin C2 在乳制品和肉制品中的抑菌效果，以期使其作为食品防腐剂应用于延长产品货架期。

2.6.2 实验材料

2.6.2.1 菌种

Lactobacillus sakei C2：自行分离。

2.6.2.2 仪器与设备

实验用仪器与设备见表2-31。

表 2-31 主要仪器与设备

仪器名称	型号	生产厂家
台式多管架离心机	TD5A	长沙英泰仪器有限公司
大容量低速台式离心机	LD4-40	北京京立离心机有限公司
紫外可见分光光度计	T6 新世纪	北京普析通用仪器有限责任公司
生物洁净工作台	BCN-1360	北京东联哈尔仪器制造有限公司
pH 计	DELTA-320	上海梅特勒-托利多仪器有限公司
生化培养箱	SHP-250	上海森信实验仪器有限公司
电热恒温水锅	DK-S24	上海森信实验仪器有限公司

续表

仪器名称	型号	生产厂家
电热恒温培养箱	DRP-9082	上海森信实验仪器有限公司
电热恒温鼓风干燥箱	DGG-9053	上海森信实验仪器有限公司
电子天平	AR-2140	上海梅特勒-托利多仪器有限公司
旋转蒸发器	RE-5298	上海亚荣生化仪器厂
立式压力蒸汽灭菌器	LDZX-75KBS	上海申安医疗器械厂

2.6.2.3 主要培养基

MRS 种子培养基，SL 发酵培养基。

2.6.2.4 主要试剂

实验所用的主要试剂见表2-32。

表 2-32 主要试剂

药品名称	规格	生产厂家
葡萄糖	分析纯	天津市科密欧化学试剂有限公司
无水乙醇	分析纯	天津市北方化玻购销中心
NaCl	分析纯	天津市大茂化学试剂厂
蛋白胨	生化试剂	北京奥博星生物技术有限公司
$K_2HPO_4 \cdot 3H_2O$	分析纯	天津市大茂化学试剂厂
牛肉膏	生化试剂	北京奥博星生物技术有限公司
酵母膏	生化试剂	北京奥博星生物技术有限公司
$CaCO_3$	分析纯	北京红星化工厂
琼脂粉	生化试剂	天津市英博生化试剂有限公司
$MnSO_4 \cdot 4H_2O$	分析纯	北京五七六〇一化工厂
柠檬酸三铵	分析纯	天津市大茂化学试剂厂
$MgSO_4 \cdot 7H_2O$	分析纯	天津市大茂化学试剂厂
结晶乙酸钠	分析纯	天津市大茂化学试剂厂
吐温80	化学纯	天津市瑞金特化学品有限公司

2.6.3 实验方法

2.6.3.1 发酵液的制备

挑取 L. sakei C2 接种于 MRS 液体培养基中，30℃培养 12h。再将其转接到 SL 液体培养基中，于 30℃恒温培养 24h。4000r/min 离心 20min，取无细胞上清液调 pH 至 6.0，旋转蒸发浓缩 10 倍。4 倍体积无水乙醇过夜沉淀，旋转蒸发浓缩到原体积的 2 倍备用。

2.6.3.2 Sakacin C2 在鲜牛奶中的应用

（1）不同效价 sakacin C2 粗发酵液对鲜牛奶保质期的影响

将刚挤出的鲜乳进行采样后净化过滤，分装每瓶 200mL，搅拌加入不同效价的 sakacin C2 5mL，分装入灭菌的三角瓶中，在 85℃条件下灭菌 15min。将处理好的样品分别在 22℃和 4℃下贮存，并以不添加 sakacin C2 的样品为空白对照。以细菌总数、酸度、煮沸试验以及 22℃下感官指价作为判定指标。

（2）总效价固定，比例不同的 sakacin C2 与 Nisin 对鲜牛奶保质期的影响

将刚挤出的鲜乳进行采样过滤分装，在 85℃条件下灭菌 15min。按比例加入 3∶1、1∶1、1∶3 的 sakacin C2 与 Nisin，分别在 22℃下和 4℃下贮存，并以不添加 sakacin C2 的样品为空白对照。测定细菌总数、酸度、煮沸试验以及 22℃下感官指标。

2.6.3.3 Sakacin C2 在鲜牛肉保藏中的应用

为了评价 L. sakei C2 和 sakacin C2 单独和联合使用对真空包装牛肉制品保藏效果，先将 L. monocytogenes CMCC 54002 和 L. sakei C2 在使用前分别稀释到 5log CFU/mL 和 7log CFU/mL。

一块牛里脊肉（2.0kg）用 75%（V/V）的乙醇浸泡 10min，除去脂肪和皮，然后切下大约 1kg 的一块肌肉，在无菌间超净工作台上将其切成大约 20g（5cm×4cm×1cm）的小块，然后将其随机分成四个组。一组：牛肉被人工接种 L. monocytogenes CMCC 54002（对照）；二组：牛肉被

人工接种 *L. monocytogenes* CMCC 54002 和 *L. sakei* C2；三组：牛肉被人工接种 *L. monocytogenes* CMCC 54002 和 sakacin C2；四组：牛肉被人工接种 *L. monocytogenes* CMCC 54002、*L. sakei* C2 和 sakacin C2。

牛肉样品被首先接种稀释的 *L. monocytogenes* CMCC 54002 菌悬液（每块 0.2mL），在无菌间维持 1h。然后 0.2mL 的 *L. sakei* C2 培养物和 sakacin C2（640AU/mL），被分别或联合使用，接种到其他牛肉样品上（空白除外）。在吸收 1h 后，牛肉样品被真空包装在 nylon/polyethylene 膜内（O_2 透过率：40mL/m^2，24h，在 23℃ 和 1 标准大气压），在 4℃ 贮存 30 天。

2.6.3.4　分析方法

（1）Sakacin C2 和 Nisin 效价的确定

将已知效价的细菌素样品分别稀释成 0.1、0.2、0.3、0.4、0.5、0.6、0.7、0.8、0.9 的 9 种浓度和未稀释的发酵液（即浓度为 1 的发酵液）各取 50μL，测定细菌素抑菌圈的大小，每个浓度重复 3 个平板，以所得到的对应抑菌圈直径为横坐标，对应的效价值对数为纵坐标，绘制标准曲线（图 2-83、图 2-84）。将测得的抑菌圈直径代入标准曲线方程中，计算可得样品的效价。

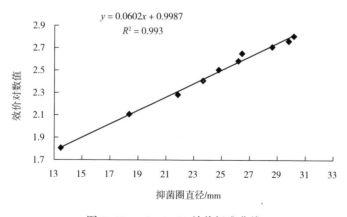

图 2-83　sakacin C2 效价标准曲线

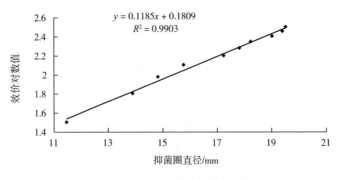

图 2-84 Nisin 效价标准曲线

（2）OD 的测定

采用紫外可见分光光度计，在波长 600nm 下，测定菌液吸光光度值。

（3）抑菌效果的评价

抑菌效果（I）采用下面的公式进行评价：

$$I=100-100\times OD/OD_0（\%）$$

式中：OD_0——空白样品的光密度；

OD——含细菌素样品的光密度。

所有实验进行两次，并且至少一个平行样。

（4）细菌总数的测定

采用平板计数法进行测定。36℃下好氧培养 24h，做平行试验。细菌总数以 CFU/mL 表示。

（5）煮沸试验

取样 10mL，放置于 100℃的水浴中加热 5min，观察牛乳蛋白是否出现絮状沉淀。

（6）酸度的测定

牛奶酸度是以中和 100mL 牛奶所消耗的 0.1mol/L NaOH 毫升数。

$$酸度=V\times10$$

酸度以吉尔涅尔度（°T）来表示鲜牛奶在储藏时间的酸度变化。取放置一段时间的鲜牛奶 10mL，加入 20mL 蒸馏水以及 2~3 滴酚酞试剂，用 0.1mol/L NaOH 进行中和滴定。

（7）鲜牛奶其他感官指标的测定

对鲜牛奶的气味、色泽、组织状态进行观察和测定。其中气味分为酸臭味、酸味、略有乳香味和有明显乳香味 4 个等级；色泽分为鱼肚白、微粉色、蓝紫色、青蓝色 4 个级别；组织状态分为有无絮片两种。

（8）pH、蛋白水解度和脂肪氧化及气味的测定

采用手持 pH 计测定牛肉的 pH。

采用 TNBS 法测定牛肉的蛋白水解度。

采用 MDA 法测定牛肉的脂肪氧化度。

在移去 nylon/polyethylene 膜 5min 后，采用 5 点判定法，5 代表可接受，1 代表不可接受。

2.6.4 结果与分析

2.6.4.1 Sakacin C2 和 Nisin 单独使用对鲜牛奶保质期的影响

Nisin 和 sakacin C2 都是天然的生物防腐剂，通过前面的试验确定了 Nisin 和 sakacin C2 有协同作用，本试验分别在 22℃ 和 4℃ 下将 Nisin 和 sakacin C2 应用于鲜牛奶中作为防腐剂，考察了两者在鲜牛奶中的协同作用，为延长鲜牛奶的货架期提供参考依据。22℃ 接近于室温，4℃ 是冷藏温度，这与人们平时的生活习惯相吻合，更具有实际应用意义。由于 4℃ 下鲜牛奶的感官指标并不明显，所以本实验只考察了 22℃ 下的感官指标。

（1）22℃ 下，sakacin C2 和 Nisin 单独使用对保质期的影响

①对细菌总数的影响。由图 2-85 可以看出，22℃ 下，鲜牛奶储藏到第 4 天，细菌总数已经达到 1.1×10^8 CFU/mL，已经变质；而加入效价为 40AU/mL sakacin C2 和 Nisin 的鲜牛奶在第 6 天时，细菌总数 6.8×10^6 CFU/mL 和 4.8×10^6 CFU/mL；效价为 10AU/mL sakacin C2 和 Nisin 的鲜牛奶在第 6 天时，细菌总数 3.3×10^7 CFU/mL 和 4.1×10^7 CFU/mL。

②对鲜牛奶酸度的影响。资料表明，正常鲜奶酸度在 14~18°T。表 2-33 表明 22℃ 下酸度的变化，对照组的鲜牛奶由于没有细菌素来抑制杂菌，酸

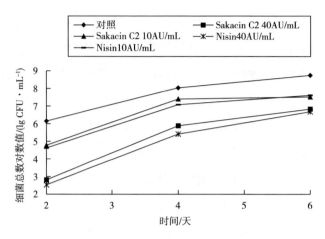

图 2-85　22℃下鲜牛奶的细菌总数变化

度增长很快，到第 6 天时已经达到了 38°T，而加入 sakacin C2 和 Nisin 的鲜牛奶酸度增加减慢，保存到第 4 天酸度超标；其中 Nisin 的酸度低于 saka-cin C2，抑菌效果好于 sakacin C2。

表 2-33　22℃下鲜牛奶酸度的变化

处理方式	贮藏时间/天			
（加入细菌素）	0	2	4	6
空白对照	14	19	23	38
sakacin C2 40AU/mL	14	18	20	28
sakacin C2 10AU/mL	14	18	21	35
Nisin40AU/mL	14	17	20	26
Nisin10AU/mL	14	18	21	33

③对鲜牛奶感官指标的影响。表 2-34 中表示的是鲜牛奶中加入 saka-cin C2 和 Nisin 后鲜牛奶的感官指标，对照组在第 4 天时已经腐败变质，并且煮沸试验凝固，而加入 sakacin C2 和 Nisin 后鲜牛奶各项指标均有所改善。试验到第 6 天，40AU/mL 的细菌素抑菌效果较好并且 Nisin 稍好于 sakacin C2，色泽上还能保持白色，而添加 sakacin C2 的鲜牛奶已呈微粉色。

表 2-34 22℃下鲜牛奶的感官评定

细菌素	贮藏时间/天											
	2				4				6			
	气味	色泽	状态	煮沸	气味	色泽	状态	煮沸	气味	色泽	状态	煮沸
对照	乳香明显	青蓝色	无絮片	不凝固	有酸味	粉色	大量絮片	凝固	酸臭味	白色	絮片	凝固
sakacin C2 40AU/mL	乳香明显	青蓝色	无絮片	不凝固	有乳香味	蓝紫色	少量絮片	不凝固	酸臭味	微粉色	絮片	凝固
sakacin C2 10AU/mL	有乳香味	青蓝色	无絮片	不凝固	略有酸味	微粉色	大量絮片	凝固	酸臭味	白色	絮片	凝固
Nisin 40AU/mL	乳香明显	青蓝色	无絮片	不凝固	有乳香味	蓝紫色	少量絮片	不凝固	酸臭味	微粉色	絮片	凝固
Nisin 10AU/mL	有乳香味	青蓝色	无絮片	不凝固	略有酸味	微粉色	大量絮片	凝固	酸臭味	白色	絮片	凝固

综上，由图 3-85、表 2-33 和表 2-34 可以看出，22℃下，鲜牛奶储藏到第 4 天已经变质；而加入效价为 40AU/mL sakacin C2 和 Nisin 的鲜牛奶在第 6 天时，细菌总数 6.8×10^6CFU/mL 和 4.8×10^6CFU/mL；效价为 10AU/mL sakacin C2 和 Nisin 的鲜牛奶在第 6 天时，细菌总数 3.3×10^7CFU/mL 和 4.1×10^7CFU/mL。对照组的鲜牛奶由于没有细菌素来抑制杂菌，酸度增长很快，而加入 sakacin C2 和 Nisin 的鲜牛奶酸度增加减慢，保存到第 4 天酸度超标。对照组在第 4 天时已经腐败变质，并且煮沸试验凝固，而加入 sakacin C2 和 Nisin 后鲜牛奶各项指标均有所改善。

（2）4℃下，sakacin C2 和 Nisin 粗发酵液单独使用对保质期的影响

①对鲜牛奶细菌总数的影响。由图 2-86 可以看出，4℃下，鲜牛奶储藏到第 4 天，细菌总数已经达到 2.5×10^7CFU/mL，并且有变质现象发生；而加入效价为 40AU/mL sakacin C2 和 Nisin 的鲜牛奶在第 6 天时，细菌总数 2.0×10^6CFU/mL 和 1.3×10^6CFU/mL；效价为 10AU/mL sakacin C2 和 Nisin 的鲜牛奶在第 6 天时，细菌总数 2.1×10^7CFU/mL 和 1.8×10^7CFU/mL。

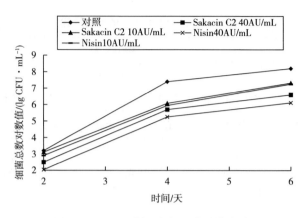

图 2-86　4℃下鲜牛奶的细菌总数变化

②对鲜牛奶酸度的影响。表 2-35 表明 4℃下酸度的变化，对照组的鲜牛奶在实验结束时已经达到了 29°T，而加入 sakacin C2 和 Nisin 的鲜牛奶酸度在第 6 天时均小于 29°T。在 4℃下酸度增长缓于 22℃，在第 4 天时各试验样品酸度均好于 22℃下，各效价细菌素的抑菌效果差异不显著。

表 2-35　4℃下鲜牛奶的酸度变化

处理方式 （加入细菌素）	贮藏时间/天			
	0	2	4	6
空白对照	14	17	19	29
sakacin C2 40AU/mL	14	16	18	25
sakacin C2 10AU/mL	14	16	19	28
Nisin40AU/mL	14	16	18	23
Nisin10AU/mL	14	16	19	26

综上，由图 2-86 和表 2-35 可以看出，4℃下，鲜牛奶储藏到第 4 天有变质现象发生；而加入效价为 40AU/mL sakacin C2 和 Nisin 的鲜牛奶在第 6 天时，细菌总数 2.0×10^6 CFU/mL 和 1.3×10^6 CFU/mL；效价为 10AU/mL sakacin C2 和 Nisin 的鲜牛奶在第 6 天时，细菌总数 2.1×10^7 CFU/mL 和 1.8×10^7 CFU/mL。对照组的鲜牛奶在实验结束时已经达到了 29°T，而加入 sakacin C2 和 Nisin 的鲜牛奶酸度在第 6 天时均小于 29°T。

2.6.4.2 总效价固定，比例不同的 sakacin C2 与 Nisin 联合使用对鲜牛奶保质期的影响

（1）22℃下，比例不同的 sakacin C2 与 Nisin 联合使用对保质期的影响

①对细菌总数的影响。由图 2-87 可以看出，22℃下，对照组鲜牛奶储藏到第 6 天，细菌总数已经达到 5.6×10⁸CFU/mL，并伴有变质现象发生；而加入总效价为 40AU/mL 的不同比例的 sakacin C2 和 Nisin 的鲜牛奶在第 6 天时，两种混合物的协同作用使得抑菌效果均有所增加，细菌总数为 6.6×10⁶CFU/mL，比空白对照的数值要低。其中 sakacin C2 与 Nisin 比例为 1∶3 的组分细菌总数降为 1.2×10⁶CFU/mL。

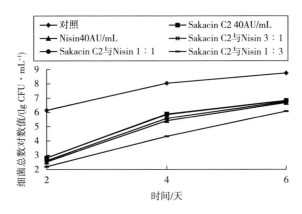

图 2-87　22℃添加不同比例混合物的细菌总数

②对酸度的影响。表 2-36 表明 22℃下酸度的变化，对照组的鲜牛奶在实验结束时已经达到 40°T，超出国标正常鲜奶酸度 14~18°T 的范围。而加入不同比例的 sakacin C2 和 Nisin 的鲜牛奶酸度在第 6 天时均比空白低，小于 30°T。

表 2-36　22℃添加不同比例混合物的酸度

处理方式	贮藏时间/天			
（加入细菌素）	0	2	4	6
空白对照	14	19	23	40
sakacin C2 40AU/mL	14	18	20	28

续表

处理方式 （加入细菌素）	贮藏时间/天			
	0	2	4	6
Nisin 40AU/mL	14	17	20	26
sakacin C2 与 Nisin 3∶1	14	19	21	28
sakacin C2 与 Nisin 1∶1	14	18	19	25
sakacin C2 与 Nisin 1∶3	14	17	18	25

③对感官指标的影响。表2-37表示的是鲜牛奶中加入不同比例的sakacin C2和Nisin后鲜牛奶的感官指标，加入不同比例的sakacin C2和Nisin后鲜牛奶各项指标均比对照组好，在第4天时各项感官指标变化不大，而对照组在第4天时已经腐败变质，并且煮沸试验凝固。

由图2-87、表2-36和表2-37可以看出，22℃下，对照组鲜牛奶储藏到第6天，细菌总数超标并发生变质；而加入总效价为40AU/mL的不同比例的sakacin C2和Nisin的鲜牛奶在第6天时，两种混合物的协同作用使得抑菌效果均有所增加，细菌总数为$6.6×10^6$CFU/mL，比空白对照的数值要低。其中sakacin C2与Nisin比例为1∶3的组分细菌总数降为$1.2×10^6$CFU/mL。对照组鲜牛奶的酸度在实验结束时已经超出国标正常鲜奶酸度范围。而加入不同比例的sakacin C2和Nisin的鲜牛奶酸度在第6天时均比空白低，小于30°T。在鲜牛奶中加入不同比例的sakacin C2和Nisin后鲜牛奶各项指标均比对照组好，在第4天时各项感官指标变化不大，而对照组在第4天时已经腐败变质，并且煮沸试验凝固。

表2-37　22℃添加不同比例混合物的感官评定

细菌素	贮藏时间/天											
	2				4				6			
	气味	色泽	状态	煮沸	气味	色泽	状态	煮沸	气味	色泽	状态	煮沸
对照	有明显乳香味	青蓝色	无絮片	不凝固	有酸味	粉色	大量絮片	凝固	酸臭味	白色	絮片	凝固

续表

细菌素	贮藏时间/天											
	2				4				6			
	气味	色泽	状态	煮沸	气味	色泽	状态	煮沸	气味	色泽	状态	煮沸
sakacin C2 40/ （AU/mL）	有明显乳香味	青蓝色	无絮片	不凝固	有乳香味	蓝紫色	少量絮片	不凝固	酸臭味	微粉色	絮片	凝固
Nisin 40/ （AU/mL）	有明显乳香味	青蓝色	无絮片	不凝固	有乳香味	蓝紫色	少量絮片	不凝固	酸臭味	微粉色	絮片	凝固
sakacin C2 与 Nisin 3∶1	有明显乳香味	青蓝色	无絮片	不凝固	有乳香味	蓝紫色	少量絮片	不凝固	酸臭味	微粉色	絮片	凝固
sakacin C2 与 Nisin 1∶1	有明显乳香味	青蓝色	无絮片	不凝固	有乳香味	青蓝色	少量絮片	不凝固	略有酸味	微粉色	少量絮片	凝固
sakacin C2 与 Nisin 1∶3	有明显乳香味	青蓝色	无絮片	不凝固	有乳香味	青蓝色	少量絮片	不凝固	略有酸味	微粉色	少量絮片	凝固

（2）4℃下，比例不同的 sakacin C2 与 Nisin 联合使用对保质期的影响

①对细菌总数的影响。由图 2-88 可以看出，4℃下对照组鲜牛奶储藏到第 6 天，细菌总数已经达到 $1.6 \times 10^8 CFU/mL$，并且已经变质；而加入总效价为 40AU/mL 的不同比例的 sakacin C2 和 Nisin 的鲜牛奶在第 6 天时，两种混合物的协同作用使得抑菌效果均明显增加，可达到 $2.2 \times 10^6 CFU/mL$。其中 sakacin C2 和 Nisin 的比例为 1∶3 时，效果最好，细菌总数可以达到 $1.2 \times 10^5 CFU/mL$。

②对酸度的影响。表 2-38 表明 4℃下添加不同比例 sakacin C2 和 Nisin 的鲜牛奶酸度的变化，对照组的鲜牛奶在实验结束时达到 33°T，而加入不同比例的 sakacin C2 和 Nisin 的鲜牛奶酸度在第 6 天时均小于 25°T，说明加入混合物后抑制杂菌能力提升了，使得酸度增长缓慢。4℃下，试验样品在第 4 天的酸度均符合要求。

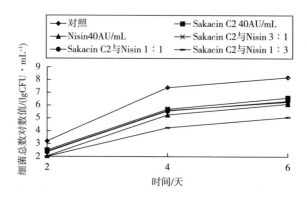

图 2-88　4℃添加不同比例混合物的细菌总数

表 2-38　4℃添加不同比例混合物的酸度

处理方式	贮藏时间/天			
（加入细菌素）	0	2	4	6
空白对照	14	17	19	33
sakacin C2 40AU/mL	14	17	18	25
Nisin 40AU/mL	14	17	18	23
sakacin C2 与 Nisin 3∶1	14	16	17	24
sakacin C2 与 Nisin 1∶1	14	17	18	22
sakacin C2 与 Nisin 1∶3	14	17	18	21

综上，由图 3-6 和表 2-38 可以看出，4℃下对照组鲜牛奶储藏到第 6 天已经变质；而加入总效价为 40AU/mL 的不同比例的 sakacin C2 和 Nisin 的鲜牛奶在第 6 天时，两种混合物的协同作用使得抑菌效果均明显增加，可达到 $2.2×10^6CFU/mL$。其中 sakacin C2 和 Nisin 的比例为 1∶3 时，效果最好。加入不同比例的 sakacin C2 和 Nisin 的鲜牛奶酸度在第 6 天时均小于 25°T，说明加入混合物后抑制杂菌能力提升了，使得酸度增长缓慢。4℃下，试验样品在第 4 天的酸度均符合要求。

2.6.4.3　在牛肉保藏中的应用

（1）*L. sakei* C2 和 sakacin C2 对 *L. monocytogenes* 生长的影响

由图 2-89 可以看出，与空白相比，添加 *L. sakei* C2 或 sakacin C2 显著

抑制了 *L. monocytogenes* CMCC 54002 的生长（$P < 0.05$）。*L. sakei* C2 和 sakacin C2 单独使用有抑制作用，*L. sakei* C2 对 *L. monocytogenes* CMCC 54002 的抑制作用显著高于 sakacin C2。当 *L. sakei* C2 和 sakacin C2 联合使用时，*L. monocytogenes* CMCC 54002 的细胞数在 24d 时，降低到测不出的水平。这个结果表明当 *L. sakei* C2 和 sakacin C2 在真空包装牛肉中联合使用时有杀菌作用。

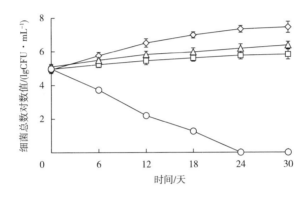

图 2-89　*L. sakei* C2 和 sakacin C2 单独和联合使用对 *L. monocytogenes* 生长的影响
（Control：◇；sakacin C2：△；*L. sakei* C2：□；*L. sakei* C2 combination 和 sakacin C2：○）

（2）在保藏过程中 pH 的变化

在牛肉贮存过程中 pH 的变化见图 2-90。由图 2-90 可以看出，所有样品的初始 pH 约为 5.85，在新鲜牛肉正常的 pH 范围内。在贮存结束时，空白样品的 pH 持续提高到 6.51，超出了正常牛肉的 pH 范围。添加 sakacin C2 的牛肉的 pH 也提高了，但显著低于空白样品（$P<0.05$），最后达到 6.11，但仍然在正常的范围内。添加了 *L. sakei* C2 和同时添加 *L. sakei* C2 和 sakacin C2 的样品的 pH 在贮存结束时分别降低到 5.33 和 5.12。在 30d 的贮存时间内，这两个样品的 pH 差异不显著（$P>0.05$）。但添加 sakacin C2 和 *L. sakei* C2（单独或联合使用）显著低于空白（$P<0.05$）。

（3）蛋白水解度的变化

由图 2-91 可以看出，在整个贮存期内，所有样品的蛋白水解度显著

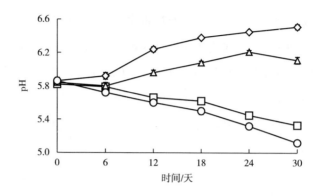

图 2-90　在保藏过程中 pH 的变化

（Control：◇；sakacin C2：△；*L. sakei* C2：□；*L. sakei* C2 combination 和 sakacin C2：○）

提高，且差异显著（$P<0.05$）。空白样品的蛋白水解度最大，其次是添加 sakacin C2 的牛肉样品，添加 *L. sakei* C2 和与 sakacin C2 联合添加的样品的蛋白水解度最小。

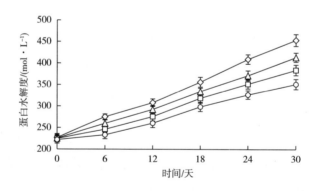

图 2-91　蛋白水解度的变化

（Control：◇；sakacin C2：△；*L. sakei* C2：□；*L. sakei* C2 combination 和 sakacin C2：○）

（4）脂肪的氧化

由图 2-92 可以看出，空白样品和添加了 sakacin C2 的样品之间的 MDA 含量没有显著差异（$P>0.05$）。同时添加 *L. sakei* C2 和 sakacin C2 的样品与空白和单独添加 sakacin C2 的样品与相比，MDA 的含量显著降低（$P<0.05$）。但是，*L. sakei* C2 单独和与 sakacin C2 联合使用相比，MDA 的

含量没有显著差异。

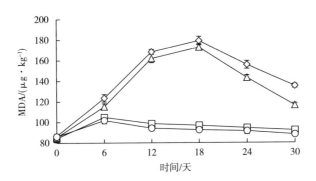

图 2-92　牛肉样品的 MDA 含量的变化

（Control：◇；sakacin C2：△；*L. sakei* C2：□；*L. sakei* C2 combination 和 sakacin C2：○）

（5）贮存期间风味的变化

由表 2-39 可以看出，所有样品的风味值差异显著（$P<0.05$）。添加 sakacin C2 和 *L. sakei* C2（单独或联合使用）的风味值，显著高于空白样品（$P<0.05$）。添加 *L. sakei* C2（单独或联合使用）的风味值在贮存 30 天后仍然是可以接受的，但空白和单独添加 sakacin C2 的样品分别在 18 天和 24 天时，达到可接受的极限。

表 2-39　在 30 天贮存期内牛肉风味值的变化

组别	储存时间/天					
	0	6	12	18	24	30
Control	4.72±0.08[a]	3.62±0.07[c]	3.02±0.13[d]	2.51±0.09[d]	2.21±0.09[d]	1.68±0.06[d]
L. sakei C2	4.70±0.12[a]	4.38±0.11[a]	3.51±0.10[b]	3.04±0.11[b]	2.74±0.07[b]	2.50±0.07[b]
Sakacin C2	4.73±0.16[a]	3.94±0.12[b]	3.23±0.09[c]	2.74±0.06[c]	2.52±0.08[c]	1.98±0.06[c]
L. sakei C2 +sakacin C2	4.70±0.10[a]	4.56±0.07[a]	3.81±0.08[a]	3.48±0.09[a]	3.09±0.07[a]	2.73±0.04[a]

实验结果表明在真空包装的牛肉中，使用 sakacin C2 和 *L. sakei* C2（单独或联合使用）可以有效控制 *L. monocytogenes* CMCC 54002 的生长，抑制蛋白的水解和不良风味的形成，没有任何不利的影响。

2.6.5　本章结论

①22℃下，在鲜牛奶中分别加入效价 40AU/mL 的米乳乳杆菌素和 Ni-sin 时，鲜牛奶保质期可达到 4 天。4℃下加入效价为 40AU/mL sakacin C2 和 Nisin 的鲜牛奶保质期可达 6 天。

②22℃下，在鲜牛奶中加入总效价为 40AU/mL，比例为 1∶3 的 saka-cin C2 和 Nisin 时，鲜牛奶的保质期可达到 6 天。4℃下加入总效价为 40AU/mL 的 sakacin C2 和 Nisin 的例为 1∶3 的细菌素时，保质期可达 6 天。

③在真空包装的牛肉中，单独喷洒 640AU/mL sakacin C2 和 7lg CFU/mL *L. sakei* C2 时，可以有效控制 *L. monocytogenes* CMCC 54002 的生长，抑制蛋白的水解和不良风味的形成，可延长牛肉的保质期，使保质期达到 30 天。

2.7　米酒乳杆菌素 C2 及其产生菌对人的益生作用研究

2.7.1　引言

益生作用包括提高人体肠道微生物的平衡以及提高对疾病的抵抗力和人体的健康水平，甚至包括对一些慢性疾病的治疗和预防。乳酸菌尤其是乳杆菌属和双歧杆菌属的益生作用研究得最多，这些菌会产生一些具有抗菌作用的代谢终产物包括乳酸、过氧化氢和细菌素。目前，米酒乳杆菌是公认安全的，已经被广泛应用于发酵食品尤其是发酵香肠中。几株产细菌素的米酒乳杆菌如 *L. sake* 2512、*L. sake* Lb706、*L. sake* 148 和 *L. sakei* 5 已经被分离出来。在我们前期的研究中，筛选出了产新型广谱细菌素 sakacin C2 的乳酸菌 *L. sake* C2。Sakacin C2 产的细菌素不仅能抑制革兰氏阳性细菌也能抑制革兰氏阴性细菌。因此 *L. sake* C2 能分泌乳酸和细菌素的特点决定了其具有益生能力。本部分内容评价了 sakacin C2 和 *L.sake* C2 的益生能力。

2.7.2　实验材料

2.7.2.1　菌种

L.sakei C2：微生物实验室保藏。

2.7.2.2　试剂

猪胆盐、盐酸、胃蛋白酶、胰蛋白酶。

2.7.3　实验方法

2.7.3.1　*L.sakei* 对模拟胃肠环境的酸耐受性

将 *L.sakei* 细胞在 MRS 液体培养基中 35℃ 培养 18h，离心收集（10000g，5min，4℃）并转接到 pH 1、2 和 3（用 5mol/L HCl 调节）的 PBS 缓冲液中，37℃ 培养 0、1h 和 3h，这些时间对应着食品在胃中停留的时间。通过在 pH 1.0、2.0 和 3.0 培养 0、1h 和 3h 后，*L.sakei* 在 MRS 固体培养基平板上的活菌数与最初细菌浓度的比较来评价对酸的耐受性。

2.7.3.2　*L.sakei* 对模拟胃肠环境的胆盐耐受性

通常认为平均胆盐浓度为 0.3%（W/V），食品通过小肠的时间在 1~4h，通过将新鲜培养物接种至补充有 0.3%、0.5% 和 1.0% 牛胆汁的 MRS 液体培养基中，在 37℃ 培养 4h，进行对胆盐的耐受实验。不补加胆盐的 MRS 液体培养基被用作空白培养基。在培养 0 和 4h 时计数，按照活菌数来评价耐受能力。通过比较 *L.sakei* 在补充和不补充胆盐的 TEG 培养基中的活细胞数来评价胆盐耐受能力。

2.7.3.3　*L.sakei* 对模拟胃肠环境的酶耐受性

为了测定 *L.sakei* 对胃蛋白酶和胰蛋白酶的耐受能力，离心收集（10000g，5min，4℃）过夜培养（18h）的细菌细胞，在被悬浮 pH 2 和 pH 3 含胃蛋白酶（3mg/mL）的 PBS 溶液和含有胰蛋白酶（1mg/mL）pH 8 的 PBS 溶液之前，用 pH 7.2 的 PBS 缓冲溶液清洗两次。按照可见菌落数来评价耐受性，在37℃与胃蛋白酶一起培养0、1h和3h和与胰蛋白酶一起培养0和4h后计数，分别反映了食品在胃和小肠中的时间。

2.7.3.4 体外黏附分析

为了进行黏附分析，在后融合后期即在培养15天后的Caco-2单层细胞，在24-孔组织培养平板上制备并用PBS清洗3次。1mL的 *L. sakei* 的过夜培养物离心收集（5000g，15min），用1mL PBS清洗3次，然后重新悬浮在相同的缓冲液中。在本研究中，通过细菌细胞被悬浮在PBS溶液中来人为减少酸可能导致的黏附作用的提高。*L. sakei* 细胞（1mL，浓度 10^8CFU/mL 在 RPMI 1640 培养基中）被添加到单层 Caco-2 细胞的每个孔中。平板在37℃，5%CO_2-95%空气的环境中培养90min。为了去除未黏附的细菌细胞，含 Caco-2 细胞的孔用 PBS 清洗3次。为了重新获得分离的细菌，0.1% Tween 80（1mL）被添加到每个孔中，在30℃培养并用 PBS 清洗3次，然后将细胞移到新鲜的 eppendorf 试管中。100μL 这种悬浮液被添加到含有 900μL 灭菌 PBS 溶液中（1∶10 稀释），然后进行系列10倍梯度稀释。从每个稀释度中，取 100μL 涂布在固体平板上，然后在37℃培养18h。在平板上计数黏附在 Caco-2 细胞上的细菌数并用 CFU 表示。在6个孔中进行3次平行试验。黏附百分率（%）表示细菌黏附在 Caco-2 细胞上与最初添加到 Caco-2 细胞中的细菌素的百分比。

对于显微镜的研究，按照前面描述的方法培养90min后，在盖玻片上的细胞用灭菌 PBS 清洗3次，与2%（V/V）福尔马林混合，姬姆萨染料染色用显微镜油镜检查（ZEISS AxioCam MRc5 Imager system）。为了通过荧光染色观察细菌细胞对 Caco-2 细胞的黏附作用，再次使用盖玻片上的 Caco-2 单层细胞。在室温下将细胞在含70%甲醇的 PBS 溶液中混合10min，用 PBS 溶液清洗，用0.1%吖啶（氮蒽）橙染色，采用荧光显微镜在油镜下观察分析，激发光过滤波长为65nm，发射光过滤波长为380nm。

2.7.3.5 体外降胆固醇能力分析

将乳酸菌接种于 MRS 液体培养基，37℃静置培养12h，转接3次活化后，按 2%（*V/V*）接种量接种于 5mL 降胆固醇筛选培养基中，摇匀后立即取样 1mL，4000r/min 离心 5min，取上清液用邻苯二甲醛比色法测定胆固醇含量。接种后的发酵液 37℃静置培养 48h 后用同样方法测定上清中胆固醇含量，做多组平行求平均值。

胆固醇的降解率：

$$V=（B-A）/B×100\%$$

式中：*A*——各实验菌株发酵后的培养液 553nm 处的吸光度值。

B——空白对照 553nm 处的吸光度值。

2.7.4 结果与讨论

2.7.4.1 *L. sakei* C2 对酸性环境的耐受能力

由图 2-93 可以看出，当暴露在 pH 2.0 和 3.0 条件下 3h，*L. sakei* C2 的活细胞数仅下降了不到 2lg CFU/mL，甚至当在 pH 1 条件下 3h 后，仍然有活细胞存在（1.68lg CFU/mL），因此这些结果表明 *L. sakei* C2 有相当强的耐受胃酸的能力。

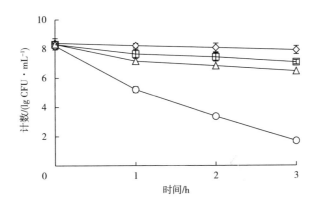

图 2-93 *L. sakei* C2 对酸性环境的耐受能力

（control：◇；pH 1.0：○；pH 2.0：△；pH 3.0：□）

2.7.4.2 *L. sakei* C2 对胆盐的耐受能力

由表 2-40 可以看出，当在 0.3% 和 0.5% 的胆盐中 4h 后，*L. sakei* C2 的

活细胞数降低了不到2lg CFU/mL，当在0.8%的胆盐中降低大约3lg CFU/mL。这个结果表明 *L. sakei* C2 有相当强的对肠道中胆盐的耐受能力。

表 2-40 *L. sakei* C2 在胆盐中的存活能力/(log CFU·mL⁻¹)

胆盐浓度/%	0	1h	4h
0.0	8.43±0.21	8.27±0.19	8.36±0.32
0.3	8.26±0.35	6.96±0.24	6.72±0.21
0.5	8.31±0.28	6.91±0.26	6.38±0.25
0.8	8.24±0.30	6.65±0.28	5.22±0.20

2.7.4.3 *L. sakei* C2 对胃蛋白酶和胰蛋白酶的耐受能力

由表 2-41 可以看出，当在 pH 2.0 含胃蛋白酶的环境中存在 3h 及在 pH 8.0 含胰蛋白酶的环境中存在 4h 后，*L. sakei* C2 的活细胞数分别为 3.54lg CFU/mL 和 6.98lg CFU/mL。这表明 *L. sakei* C2 有相当强的对胃蛋白酶和胰蛋白酶的耐受能力。

表 2-41 *L. sakei* C2 在胃蛋白酶和胰蛋白酶中的存活能力/(lg CFU·mL⁻¹)

试验	0	1h	3h	4h
对照	8.51±0.34	8.43±0.28	8.32±0.37	8.29±0.30
胃蛋白酶（pH 2.0）	8.33±0.29	6.82±0.31	3.54±0.15	ND
胃蛋白酶（pH 3.0）	8.40±0.40	6.91±0.19	4.86±0.22	ND
胰蛋白酶（pH 8.0）	8.42±0.32	8.08±0.35	ND	6.98±0.26

注 ND：未检出。

2.7.4.4 产抗菌物质的能力

由于具有产生抑菌物质的能力，乳酸菌具有的主要益生功能被认为是具有对抗肠道中致病菌感染的能力。前期的实验已经表明 *L. sakei* C2 产生的细菌素 sakacin C2 具有宽的抗菌谱，不仅能抑制革兰氏阳性细菌而且能抑制革兰氏阴性细菌。*L. sakei* C2 产生的乳酸的量为 11.26mg/mL，产 H_2O_2 的量为 3.14mg/mL。由于 *L. sakei* C2 具有产乳酸的能力，在 MRS 培养基中30℃发酵24h后 pH 可降低到 4.0 以下。细菌素、乳酸和 H_2O_2 等抗菌物质的产生使 *L. sakei* C2 能在环境中占优势，这对益生菌来说是非常重要的。

2.7.4.5 *L. sakei* C2 对 Caco-2 cells 的黏附能力

对肠黏膜表面的黏附能力通常被认为是益生菌必须具有的能力。Caco-2 属于一种人肠道细胞，被用于评价 *L. sakei* C2 的黏附能力。由表 2-42 可以看出 *L. sakei* C2 对 Caco-2 细胞的黏附能力达到（15.2±1.2）%。

表 2-42　*L. sakei* C2 对 Caco-2 cells 的黏附能力

初始值/(10^7CFU · mL^{-1})	黏附/(10^6CFU · mL^{-1})	黏附能力/%
2.3±0.2	3.5±0.5	15.2±1.2

2.7.4.6 *L. sakei* C2 降胆固醇的能力

由图 2-94 可以看出，活细胞的降胆固醇能力显著高于热灭活的细胞。在 37℃ 培养 72h 后，活细胞和热灭活细胞的降胆固醇能力分别为 53.2% 和 23.4%。此结果表明，*L. sakei* C2 的活细胞具有相当强的降胆固醇的能力，热灭活的细胞也有一定的吸收或沉淀胆固醇的效果。

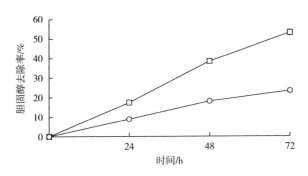

图 2-94　*L. sakei* C2 降胆固醇的能力

（活细胞：□；热灭活细胞：○）

2.7.5 结论

①*Lactobacillus sakei* C2 呈现相当强的对胃肠道环境的耐受能力，包括低 pH、胆盐、胃蛋白酶和胰蛋白酶。*Lactobacillus sakei* C2 不仅能产生广谱

细菌素而且能产生大量的乳酸和一定量的 H_2O_2。*Lactobacillus sakei* C2 对 Caco-2 细胞具有较强的黏附能力（15.2±1.2）%。

②*Lactobacillus sakei* C2 活细胞还具有相当强的降胆固醇能力（53.2±1.4）%。

③结果表明由于 *Lactobacillus sakei* C2 产生的乳酸菌细菌素 sakacin C2 及本身具有的特性，使其具有作为益生菌的能力。可用这株菌生产具有益生功能的发酵乳制品和发酵肉制品等发酵食品。

3 肠膜明串珠菌素

3.1 引言

3.1.1 肠膜明串珠菌素 ZLG85 概述

随着人们对食品安全的日益重视，开发新型无毒的生物防腐剂成为食品工业的重要发展方向之一。乳酸菌细菌素是由乳酸菌产生的具有抗菌活性的多肽或蛋白质，是公认安全的生物防腐剂。但目前以乳酸链球菌素（Nisin）为代表的乳酸菌细菌素存在抗菌谱窄、生物活性有待提高等问题。因此，开发高效、广谱的乳酸菌细菌素对保证食品的质量与安全具有重要的意义。乳酸菌细菌素一般只对同属内或亲缘关系较近的菌株有抑制作用，目前乳酸菌细菌素的抗菌机理是以革兰氏阳性细菌为模式菌株，缺少对革兰氏阴性细菌抗菌机理的研究。除了乳酸链球菌素外，对其他乳酸菌细菌素的抗菌机理研究得并不系统，这使得新型广谱乳酸菌细菌素的开发及应用缺少理论支持。

前期从传统发酵酸黄瓜中分离出一株产细菌素的 *Leuconostoc mesenteroides subsp. mesenteroides*（肠膜明串珠菌肠膜亚种），对其产生的细菌素 mesentericin ZLG85（肠膜明串珠菌素 ZLG85）进行了分离纯化和抗菌谱的研究，发现其是一种新型广谱的乳酸菌细菌素，不仅对革兰氏阳性细菌有抗菌作用，也对革兰氏阴性细菌具有较强的抗菌作用，具有作为新型生物防腐剂的应用前景。本研究拟以前期实验发现的新型广谱的乳酸菌细菌素 mesentericin ZLG85 为研究对象，采用现代物理和生物信息学方法，全面解析其分子结构信息。通过 mesentericin ZLG85 对革兰氏阳性细菌和革兰氏阴性细菌细胞内紫外吸收物质、细胞膜电势、通透性，表面电荷、疏水性和显微状态的比较研究，系统揭示其广谱抗菌作用机制。

通过探讨新型广谱乳酸菌细菌素的分子结构和广谱抗菌作用机制这一前沿问题，可以打破当前以革兰氏阳性细菌为指示菌孤立研究细菌素结构和抗菌机理的局面，拓宽研究范围，为新型广谱乳酸菌细菌素的开发提供理论支持，并对丰富目前关于乳酸菌细菌素的生物科学理论有重要的学术价值。

3.1.2 国内外研究现状和发展趋势分析

目前在食品中普遍应用化学防腐剂，人们逐渐认识到化学防腐剂在适用条件、对食品风味的影响以及对人体的毒害作用等方面或多或少存在缺陷。乳酸菌细菌素是公认安全的生物防腐剂，国内外学者不断从土壤、发酵食品等材料中分离出产细菌素的乳酸菌，并对乳酸菌细菌素的分子结构、抗菌机理及其在食品中的应用进行研究。目前广泛应用的乳酸菌细菌素是乳酸链球菌素（Nisin），但由于其抗菌谱窄（只对部分革兰氏阳性细菌有抗菌作用，对革兰氏阴性细菌无抗菌作用），适用的 pH 范围较窄，限制了其在食品中的应用。因此新型广谱乳酸菌细菌素的研究和开发成为目前的研究热点。

（1）乳酸菌细菌素分子结构的研究

根据分子量大小、化学结构及稳定性，可将乳酸菌细菌素分为 4 种类型。第一类是羊毛硫抗生素，是一类含 19~50 个氨基酸残基的小分子修饰肽；第二类是分子量小于 10kDa 的小分子热稳定肽（SHSP），具有疏水性和膜活性；第三类是分子量大于 10kDa 的热敏感大分子蛋白，这类乳酸菌细菌素的抑菌谱较窄；第四类是大分子复合物，对这类乳酸菌细菌素的研究较少。由于第一类和第二类乳酸菌细菌素具有较高的抗菌活性和作用的专一性而被广泛地作为食品生物防腐剂进行研究。

除了以乳酸链球菌素（Nisin）为代表的第一类乳酸菌细菌素以外，第二类乳酸菌细菌素已成为目前国内外研究的另一热点。第二类乳酸菌细菌素一般具有抗单细胞增生李斯特氏菌的活性，有相似的 N 端序列（YG-

NGV）和两个与二硫键形成相关的半胱氨酸残基，目前已经鉴定出了20多种带阳离子并且含有37~48个氨基酸残基的第二类乳酸菌细菌素，其 N 末端是阳性的亲水结构。

目前，关于乳酸菌细菌素的结构研究主要集中在其分子量和一级结构的解析，但对二级结构、三级结构及结构与功能的关系研究较少。

（2）生物信息学在抗菌肽结构预测上的应用

近年来随着信息技术（IT）的飞速发展及其与生物科学的结合，产生了一门新的学科——生物信息学（bioinformatics）。生物信息学加快了蛋白质结构预测的进程，为蛋白质研究提供了一个崭新的平台。蛋白质结构预测的目的是利用已知的一级序列来构建蛋白质的立体结构模型，从而进行结构与功能的研究和蛋白质分子的设计工作。目前蛋白质结构预测的方法主要包括利用生物信息学网站的 ProtParam 来分析蛋白质和肽的物理化学参数；利用多层神经网络（HNN）上蛋白序列分析工具预测二级结构和利用 Material studio 4.0 来预测三维结构。目前生物信息学在抗菌肽的结构预测方面已有相关的研究报道。

Duval 等人采用抗菌肽数据库，用 14 个氨基酸残基构建了一个新肽 K4，它的 N 端由 4 个赖氨酸组成，通过生物信息学软件推测其 N 端折叠形成了疏水的 α-螺旋结构。

宋达峰经生物信息学分析，成熟肽带有 4 个正电荷氨基酸，并且在第 3 位到第 18 位残基的位置上组成了一个两亲螺旋结构。

Fox 等人运用生物信息学方法根据 cecropin A、LL-37 和 magainin Ⅱ 的结构设计了被单一二硫键束缚的同系物及去掉半胱氨酸的同系物，通过结构改造前后抗菌活性的比较，发现二硫键决定其抗菌活性，而半胱氨酸则决定其抗菌谱。这些研究结果表明，运用生物信息学可以进行抗菌肽的结构预测，但目前在乳酸菌细菌素的研究方面还缺少采用生物信息学的方法全面解析其分子结构信息。

（3）乳酸菌细菌素抗菌机理的研究

乳酸菌细菌素一般只对同属内或亲缘关系较近的菌株有作用，因此目前乳酸菌细菌素的抗菌机理是以革兰氏阳性细菌为模式菌株。近年来人们对乳酸菌细菌素抗菌机理的研究已取得了很大的进展，目前研究最清楚的是乳酸链球菌素（Nisin）。Nisin 主要是与细菌的细胞膜进行作用，通过结合、插入，最终在细胞膜上形成非选择性的孔道，使细胞内的小分子迅速渗出而导致细胞死亡。但目前对其他乳酸菌细菌素的抗菌机理研究的系统性不强。多数第二类乳酸菌细菌素是通过在敏感菌的细胞膜上形成孔洞，使胞内的离子外泄，最终引起质子驱动势的耗散。

Jasniewski 等人采用荧光分析法研究了 mesenterocin 52A 对 Listeria innocua 的作用机理，结果表明其导致了细胞内钾离子的释放，引起跨膜电势（$\Delta\psi$）的改变，但没有引起跨膜电位（ΔpH）的消散。

李丽利用圆二色谱法初步研究了乳酸片球菌素的二级结构与抗菌活性之间的关系，发现乳酸片球菌素的 α-螺旋含量约为 6.8%，β-折叠含量约为 20%，转角所占的比例为 20%。当乳酸片球菌素的 α-螺旋含量增加，β-折叠及转角含量降低时，细菌素活性随之降低。

Gao 等人研究了乳酸菌细菌素 Sakacin C2 对大肠杆菌的抗菌作用机理，发现 Sakacin C2 能导致使细胞内小分子物质和蛋白质及核酸类物质的释放，最终导致细胞的死亡。

Todorov 等人研究了 bacteriocin ST8SH 对单细胞增生李斯特氏菌和粪肠球菌 ATCC 19433 的抗菌作用，发现主要的抗菌机理是基于对酶、蛋白和核酸类物质的释放。

Motta 等人研究了 Bacillus sp. P34 产生的细菌素样物质对 L. monocytogenes 的抗菌作用，采用红外光谱分析发现细菌素导致了细胞膜脂肪酸对应的 $1452cm^{-1}$ 和 $1397cm^{-1}$ 峰向高波段移动，对应磷脂的 $1217cm^{-1}$ 和 $1058cm^{-1}$ 峰向低波段移动，并导致转膜电位的下降。

综上所述，目前很多学者对一些乳酸菌细菌素的抗菌机理进行了较深入的研究，但大多以革兰氏阳性细菌为模式菌株。主要通过乳酸菌细菌素对细胞膜电位及细胞内容物渗漏的影响，初步判断乳酸菌细菌素对目标菌株的作用机制。但关于乳酸菌细菌素对革兰氏阴性细菌的抗菌机理及广谱抗菌机制还未进行深入研究。

（4）肠膜明串珠菌素的研究进展

乳酸菌细菌素以其产生菌而命名，目前 *Leuconostoc mesenteroides* 在国内外已普遍应用于泡菜等蔬菜的发酵中，是公认安全的乳酸菌发酵剂，因此由 *L. mesenteroides* 产生的细菌素是公认安全的细菌素，在控制腐败菌和致病菌上有广阔的应用前景。目前国外已分离出两株产细菌素的 *L. mesenteroides*。Yann Héchard 等人从羊奶中分离出 *L. mesenteroides* Y105，产生的细菌素 mesentericin Y105 分子量为 2.5~3.0kDa，但只能抑制李斯特氏菌属的生长。Maria 等人从肉制品中筛选出一株 *L. mesenteroides*，产生的细菌素 mesentericin B-TA33a，分子量 3466Da，只能抑制明串珠菌和魏斯氏菌的生长。上述两种明串珠菌素抑菌谱较窄，只能抑制特定革兰氏阳性菌的生长。

前期从东北传统发酵酸菜中分离出一株产细菌素的 *L. mesenteroides* subsp. *mesenteroides*，对其产生的细菌素 mesentericin ZLG85 进行了分离纯化和抑菌谱的研究，发现其是一种新型广谱的乳酸菌细菌素，不仅对革兰氏阳性细菌单细胞增生李斯特氏菌、金黄色葡萄球菌、藤黄八叠球菌、枯草芽孢杆菌有抑菌作用，也对革兰氏阴性细菌甲型副伤寒沙门氏菌、痢疾志贺氏菌等具有较强的抗菌作用。mesentericin ZLG85 的分子量为 2.5kDa，具有很强的热稳定性和 pH 稳定性。但对其结构及广谱抗菌机理等问题还有待进一步研究。

3.2　肠膜明串珠菌素 mesenterocin ZLG85 分子结构解析

3.2.1　材料与方法

3.2.1.1　材料与试剂

肠膜明串珠菌 ZLG85：分离自发酵黄瓜，NCBI 接受号为 KF746910。

伤寒沙门氏菌 ATCC14028：购买于中国科学院微生物研究所。

MRS 培养基：MRS 液体培养基（g/L）：鱼肉蛋白胨 10，酵母浸粉 5，牛肉膏 10，葡萄糖 20，柠檬酸铵 2，三水乙酸钠 5，磷酸氢二钾 2，结晶硫酸镁 0.58，硫酸锰 0.25，吐温 80 1mL，碳酸钙（粉）10，蒸馏水 1L，pH 6.5，121℃湿热灭菌 20min。固体培养基则在此基础上加入 20g/L 的琼脂。

营养肉汤培养基（g/L）：鱼肉蛋白胨 20，酵母浸粉 6，氯化钠 5，磷酸氢二钾 2.5，葡萄糖 2.5，蒸馏水 1L，pH 6.5，121℃湿热灭菌 20min。半固体（固体）培养基则在此基础上加入 7.5g/L（20g/L）的琼脂。

3.2.1.2　仪器与设备

ABI 491 型蛋白测序仪美国应用生物系统公司；Aviv Model 400 型圆二色谱仪美国 Aviv 公司；TU-1810 型紫外可见分光光度计北京普析通用仪器有限责任公司；LS55 荧光分光光度计美国 Perkin Elmer 公司；EPICS-XL 流氏细胞仪美国 BD 公司；J500 型圆二色谱仪日本 JASCO 公司。

3.2.2　方法

3.2.2.1　菌种活化及液体培养

将肠膜明串珠菌 ZLG85 斜面保藏菌种 1~2 环，接种于 MRS 固体斜面培养基上，30℃培养 24h。

将活化的斜面菌种 1~2 环接种于装有 50mL MRS 液体培养基的 250mL 三角瓶中，30℃，100r/min 摇瓶培养 24h。

3.2.2.2　细菌素分离纯化

将肠膜明串珠菌 ZLG85 的培养液，按照 GAO 等人的实验方法进行细菌素的分离纯化，其中凝胶层析采用 Sephadex G25 进行，每步纯化后计算各步骤的总活力、比活力、蛋白浓度、产量和纯化倍数。其中：总活力（AU）是纯化后所获得的样品中的细菌素的抗菌活力，是溶液中的单位体积的抗菌活力（AU/mL）与体积（mL）的乘积；比活力是样品中每毫克蛋白质所含的细菌素的活力单位，为一定体积的纯化样品中抗菌活力（AU）与蛋白质质量（mg）之比；蛋白浓度为单位体积（mL）细菌素样品中的蛋白质质量（mg）。产量为纯化后的总活力与无细胞发酵液的总活力之比；纯化倍数为纯化后的细菌素样品的比活力与无细胞发酵液的比活力之比。

3.2.2.3 细菌素分子量及结构分析

（1）细菌素 Tris-Tricine SDS-PAGE 及 LC-MS/MS 分析

采用 Tris-Tricine SDS-PAGE，分离胶 16.5%（M/V），浓缩胶 5%。纯化的细菌素和低分子量 Marker 同时在 140V 电泳 4h。结束后，将胶切成两半，带有 Marker 的一半胶采用考马斯亮蓝染色脱色，另一半胶用无菌蒸馏水漂洗 1h 后，小心地铺在接有指示菌的营养肉汤固体培养基上，30℃培养 24h 后与染色的半块胶对比，找到抗菌活性即细菌素条带。将此条带转印在 PVDF 膜上，采用考马斯亮蓝染色。将切割的细菌素条带洗脱后进行 LC-MS/MS 分析。

（2）细菌素氨基酸序列分析

将条带切割后，用 ABI 491 型蛋白测序仪对细菌素进行测序。采用 Clustal Omega program 将细菌素多肽序列与 NCBI 数据库中的细菌素相比较。

（3）细菌素理化性质分析

使用 ProParam tool 软件对细菌素的理化性质进行分析。

（4）细菌素结构预测分析

采用蛋白序列分析工具 NPS@ 预测细菌素的二级结构，采用 Material studio 4.0 分子动力学模拟软件进行细菌素三级结构分析。

（5）细菌素圆二色谱分析

将细菌素溶于 10mmol/L 的 PBS（pH 7.2）溶液中，细菌素浓度为 100μmol/L，CD 光谱采用 J 500 光谱仪在室温下测定，扫描范围 180～260nm，样品池光径 1mm，CD 数据以平均残基摩尔椭圆值表示（$[\theta]$），谱图为 4 次累加的平均结果。以设备自带的软件对圆二色谱实测谱图进行平滑处理，使用 Dichro Web 进行数据在线处理分析。

(6) 细菌素拉曼光谱分析

采用 SPEX1403 型双光栅激光拉曼光谱仪，通过在 500~700nm 的谱带解析二硫键的位置和结构。

将抗菌肽用水和 pH7.0 的缓冲溶液配制成质量浓度为 100mg/mL 的溶液进行测定。激发光波长设定为 785nm，激光功率为 300mW，扫描范围 $400~2000cm^{-1}$，每次扫描时间 60s，积分 10 次，4 次扫描进行累加。拉曼图谱处理：谱图基线校正、谱峰查找采用 ACD Labs V12 软件，以苯丙氨酸 $[(1003±1)\ cm^{-1}]$ 作为归一化因子，以此作为拉曼峰强度变化的依据，得到抗菌肽的拉曼光谱，采用 Raman Spectral Analysis Package Version2.1 软件计算各结构的百分含量。

3.2.2.4 统计分析

所有实验重复 3 次，每次两个重复样品。采用 SAS software（version 8.1）进行数据分析。

3.2.3 结果与分析

3.2.3.1 细菌素分离纯化及 Tris-Tricine SDS-PAGE 分析

由表 3-1 可以看出，最初的无细胞上清液经过乙醇进行抽提后，产量为 90.2%，纯化倍数达到 10.87，说明乙醇提取对细菌素产量损失较小，但纯度有了较大的提高，适合细菌素的粗提。经过 Sephadex G25 凝胶层析，细菌素的损失较大，产量为 57.8%，但纯化倍数有较大提高，纯化倍数达 25.37。经过 Sp-FF 快速流阳离子交换柱层析后，细菌素产量下降为 42.6%，但纯化倍数提高到 52.10，比活力提高到 5775.28AU/mg，可达到细菌素纯化的要求。

表 3-1 细菌素 mesenterocin ZLG85 的纯化

步骤	总活力/ AU	蛋白浓度/ ($mg \cdot mL^{-1}$)	比活力/ ($AU \cdot mg^{-1}$)	产量/ %	纯化倍数
培养液	3126000	28.2	110.85	100.0	1.00
乙醇抽提	2818600	46.8	1204.53	90.2	10.87
Sephadex G25	1805550	21.4	2812.38	57.8	25.37
Sp-FF	1331600	43.3	5775.28	42.6	52.10

从纯化后的 Tris-Tricine SDS-PAGE（图 3-1）分析可以看出，在 2.5kDa 处出现明显单一蛋白条带，而且电泳后单一条带对指示菌有明显的抑制作用，形成了清晰的抑菌条带，表明了 2.5kDa 的条带为抗菌肽即 mesenterocin ZLG85。

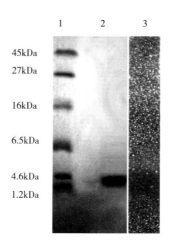

图 3-1 细菌素 mesenterocin ZLG85 的 SDS-PAGE 电泳

（泳道 1：低分子量蛋白 Marker；泳道 2：纯化的细菌素 mesenterocin ZLG85 样品；泳道 3：纯化细菌素的抑菌圈）

3.2.3.2 细菌素 mesenterocin ZLG85 的 LC-MS/MS 分析结果

将细菌素 mesenterocin ZLG85 转膜纯化后进行了液质联用分析，液相色谱图（图 3-2）分析结果表明分离纯化后细菌素 mesenterocin ZLG85 的纯度为 98.23%，质谱图（图 3-3）结果表明细菌素 mesenterocin ZLG85 的准确分子量为 2522.5Da。

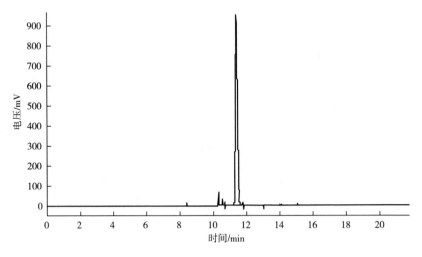

图 3-2　细菌素 mesenterocin ZLG85 样品液相色谱图

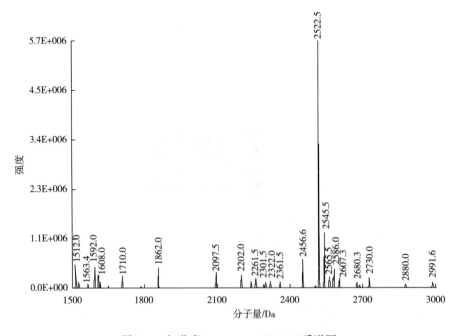

图 3-3　细菌素 mesenterocin ZLG85 质谱图

3.2.3.3 细菌素 Mesenterocin ZLG85 的氨基酸序列

采用 Edman 降解法，测定细菌素 mesenterocin ZLG85 的氨基酸序列为 KYYGNGVGGCSGAKNNKGCWGWKS。从数据库 NCBI 中搜索，没有得到与 mesenterocin ZLG85 相同序列的细菌素。Mesenterocin ZLG85 与 divercin V41 （CAA11804.1）的同源性为 57%；与 enterocin CRL35 （AAQ95741.1）的 同源性为 58%；与 mesentericin Y105 （AAB25127.1）和 Chain A （1CW6_ A）同源性为 67%。采用 Clustal Omega program 进行细菌素序列的同源性分 析，结果见图 3-4。以上结果表明，由 *Leu. mesenteroides* subsp. *mesenteroides* ZLG85 产生的细菌素 mesenterocin ZLG85 是一种新型广谱细菌素。

图 3-4　采用 Clustal Omega 软件分析 mesenterocin ZLG85 与其他细菌素的同源性

（"＊""."".．．"：分别表示相同、弱相似和高度相似的氨基酸；"-"代表达到最大队列所 需要的空间）

3.2.3.4 细菌素 Mesenterocin ZLG85 的物理化学特性分析

在线软件 ProParam tool 分析结果表明，细菌素 mesenterocin ZLG85 的 氨基酸数为 24；理论分子量为 2521.81Da；理论 pI 值为 9.51；负电荷残基 总数为 0，正电荷残基总数为 4；原子总数为 338；脂肪氨基酸指数 16.25， 总平均亲水性为-0.996；不稳定系数为 16.47，根据多肽不稳定系数大于 40 则不稳定的标准，说明该多肽是稳定的。

前期实验对细菌素 mesenterocin ZLG85 的稳定性进行研究的结果表明， 细菌素 mesenterocin ZLG85 具有较强的稳定性，pH 2.0~10.0 范围内，细 菌素相对抗菌活性均在 80% 以上；121℃ 处理 30min 后相对抗菌活性仍为

93.77%。这与在线软件分析结果相同。预测分子量（2521.81Da）与实际分子量（2522.5Da）误差为 0.28%，这些结果也说明在线软件 ProParam tool 进行细菌素的理化性质预测具有很高的准确性。

3.2.3.5　细菌素 Mesenterocin ZLG85 的结构预测

结构预测分析结果见图 3-5。

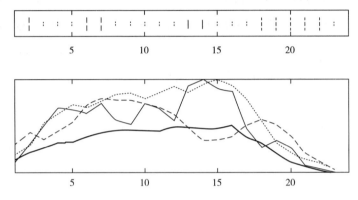

图 3-5　细菌素 mesenterocin ZLG85 二级结构预测图

由图 3-5 可以看出，细菌素 mesenterocin ZLG85 的主要结构是无规则卷曲，占 50%，其次为反平行延伸结构，占 41.6%。采用 Material studio 4.0 分子动力学模拟软件分析，表明由于细菌素肽链的氨基酸数量少，因此没有三级结构。

3.2.3.6　细菌素 mesenterocin ZLG85 圆二色谱分析

图 3-6 为用色谱仪自带的软件进行平滑处理获得的圆二色谱图，表 3-2 为使用 Dichro Web 对数据进行在线分析得到细菌素 mesenterocin ZLG85 的二级结构。由图 3-5 和表 3-2 可以看出，细菌素 mesenterocin ZLG85 的二级结构主要为反平行结构、β-折叠和无规则卷曲，分别为 32.7%、20.7% 和 36.4%。

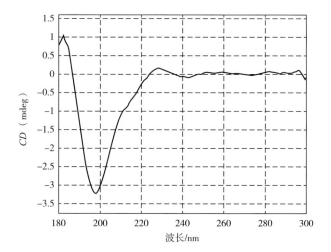

图 3-6　细菌素 Mesenterocin ZLG85 圆二色谱图

表 3-2　细菌素 mesenterocin ZLG85 二级结构

结构	百分比/%
螺旋结构	5.20
反平行结构	32.70
平行结构	2.90
β-折叠	20.70
无规则卷曲	36.40
其他结构	2.10

3.2.3.7　细菌素拉曼光谱分析

图 3-7 为细菌素 mesenterocin ZLG85 在波长 $200\sim2000cm^{-1}$ 范围内的拉曼光谱图。其中，$1645\sim1660cm^{-1}$ 处为 α-螺旋结构的特征峰；$1665\sim1680cm^{-1}$ 为 β-折叠结构的特征峰；$1680\sim1690cm^{-1}$ 为 β-转角结构的特征峰；$1660\sim1670cm^{-1}$ 处为无规卷曲结构的特征峰。

图 3-8 为细菌素 mesenterocin ZLG85 在 $500\sim550cm^{-1}$ 范围内的拉曼光谱图。$500\sim550cm^{-1}$ 范围是二硫键的特征谱带。二硫键在不同振动模式下所反映出来的拉曼位移有所不同，如 $500\sim510cm^{-1}$ 处为 gauche-gauche-gauche 模式，$515\sim525cm^{-1}$ 为 gauche-gauche-trans 模式，$535\sim545cm^{-1}$ 为

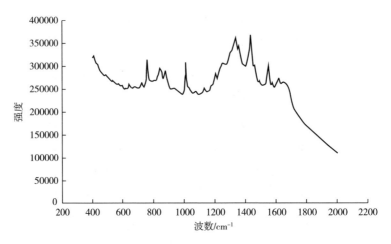

图 3-7　细菌素 Mesenterocin ZLG85 拉曼光谱图

trans-gauche-trans 模式，由图 3-8 可以看出，在波长 535~545cm⁻¹ 内细菌素 mesenterocin ZLG85 有特征峰，二硫键为 trans-gauche-trans 构型。

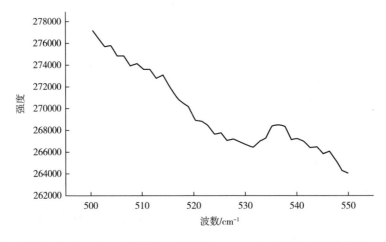

图 3-8　500~550cm⁻¹ 范围内细菌素 Mesenterocin ZLG85 拉曼光谱图

3.2.4　讨论与结论

肠膜明串珠菌素 mesenterocin ZLG85 是从发酵黄瓜中分离出的 *Leuconostoc mesenteroides* subsp. *mesenteroides* ZLG85 产生的细菌素，不仅能抑制革兰

氏阳性细菌，也能抑制某些革兰氏阴性细菌，具有广谱的抗菌活性。本研究首先对细菌素进行了分离纯化，并采用液质联用测定其分子量为 2522.5Da；通过 Edman 降解法测定其氨基酸序列为 KYYGNGVGGCSGAKNNKGCWG-WKS。在数据库 NCBI 中未搜索到与之序列相同的细菌素，采用在线软件 Clustal Omega program 进行细菌素序列的同源性分析，结果表明肠膜明串珠菌素 mesenterocin ZLG85 与 mesentericin Y105 （AAB25127.1）和 Chain A （1CW6_ A）的同源性最高，为 67%，是一种新型细菌素。采用圆二色谱对肠膜明串珠菌素 mesenterocin ZLG85 二级结构进行了解析，发现主要结构为反平行结构、β-折叠和无规则卷曲。采用 ProParam tool 软件分析细菌素 mesenterocin ZLG85 的理论 PI 值为 9.51，且具有稳定性。通过拉曼光谱测定在波长 $535 \sim 545 cm^{-1}$ 内细菌素 mesenterocin ZLG85 有特征峰，其二硫键为 trans-gauche-trans 构型。

3.3 肠膜明串珠菌素 mesenterocin ZLG85 抗菌机理

乳酸菌细菌素是由乳酸菌代谢产生的多肽或蛋白质，对其他微生物具有抑制或杀死作用，是天然安全的生物防腐剂。随着人们对健康的日益重视，开发新型无毒的生物防腐剂取代化学防腐剂已成为食品添加剂工业的重要发展方向。

目前国内外主要对 I 类和 II 类乳酸菌细菌素进行了抗菌机理的研究，采用的靶细胞主要是金黄色葡萄球菌和单核细胞增生李斯特菌等革兰氏阳性细菌。目前发现部分乳酸菌的主要作用机制是导致细胞内大分子和小分子物质的渗漏，引起质子驱动势的丧失，提高细胞膜的通透性，最终导致细胞的死亡。

肠膜明串珠菌能将糖代谢产生酸和醇，已被广泛应用于泡菜等蔬菜的发酵中，还有望成为新型微生态制剂，是公认安全的乳酸菌发酵剂，目前已发现极少数肠膜明串珠菌也能产生细菌素。但目前关于肠膜明串珠菌素的抗菌作用机制鲜见研究报道。

课题组从发酵酸黄瓜中分离到产细菌素的 *Leuconstoc mesenteroides* subsp *mesenteroides* ZLG85，对其产生的细菌素进行了分离纯化和性质研究，发现其是一种新型广谱乳酸菌细菌素，具有作为新型生物防腐剂的应用前景。为了深入解析肠膜明串珠菌素 mesenterocin ZLG85 广谱抗菌作用机制，以伤寒沙门氏菌作为革兰氏阴性细菌模式菌株，以金黄色葡萄球菌作为革兰氏阳性细菌模式菌株，通过对紫外吸收物质渗漏、转膜电势、细胞膜通透性及表面显微状态的影响来探讨细菌素 mesenterocin ZLG85 对革兰氏阳性细菌和革兰氏阴性细菌的抗菌机理及其广谱抗菌机制，以期为新型广谱乳酸菌细菌素的研究和开发奠定基础。

3.3.1　材料与方法

3.3.1.1　材料与试剂

肠膜明串珠菌 ZLG85：分离自发酵黄瓜，NCBI 接受号为 KF746910。

伤寒沙门氏菌 ATCC14028：购买于中国科学院微生物研究所。

MRS 培养基：MRS 液体培养基（g/L）：鱼肉蛋白胨 10g，酵母浸粉 5g，牛肉膏 10g，葡萄糖 20g，柠檬酸铵 2g，三水乙酸钠 5g，磷酸氢二钾 2g，结晶硫酸镁 0.58g，硫酸锰 0.25g，吐温 80 1mL，碳酸钙（粉）10g，蒸馏水 1L，pH 6.5，121℃湿热灭菌 20min。固体培养基则在此基础上加入 20g/L 的琼脂。

营养肉汤培养基（g/L）：鱼肉蛋白胨 20g，酵母浸粉 6g，氯化钠 5g，磷酸氢二钾 2.5g，葡萄糖 2.5g，蒸馏水 1L，pH 值 6.5，121℃湿热灭菌 20min。半固体（固体）培养基则在此基础上加入 7.5g/L（20g/L）的琼脂。

3,3-二丙基-二碳菁碘化物、碘化丙啶、缬氨霉素、尼日利亚菌素购自美国 Sigma 公司。

3.3.1.2　仪器与设备

TU-1810 型紫外可见分光光度计购自北京普析通用仪器有限责任公

司；LS55 荧光分光光度计购自美国 Perkin Elmer 公司；EPICS-XL 流氏细胞仪购自美国 BD 公司；J500 型圆二色谱仪购自日本 JASCO 公司。

3.3.2 方法

3.3.2.1 菌种活化及液体培养

将肠膜明串珠菌 ZLG85 斜面保藏菌种 1~2 环，接种于 MRS 固体斜面培养基上，30℃培养 24h。

将活化的斜面菌种 1~2 环接种于装有 50mL MRS 液体培养基的 250mL 三角瓶中，30℃，100r/min 摇瓶培养 24h。

3.3.2.2 细菌素分离纯化

将肠膜明串珠菌 ZLG85 的培养液，按照 GAO 等人的实验方法进行细菌素的分离纯化。

3.3.2.3 细菌素对抗菌机理分析

（1）细菌素对伤寒沙门氏菌和金黄色葡萄球菌细胞生长的影响

收集培养至对数生长期的伤寒沙门氏菌和金黄色葡萄球菌细胞，用无菌水调整细胞悬浮液浓度为 10^7CFU/mL，向其中加入制备的细菌素样品，使其最终浓度分别为 40AU/mL、80AU/mL、160AU/mL、320AU/mL，30℃恒温静置培养 16h，以不添加细菌素的样品为空白对照，采用平板计数法测定伤寒沙门氏菌和金黄色葡萄球菌的活菌数。

（2）细菌素对紫外吸收物质渗漏的影响

将伤寒沙门氏菌过夜培养物金黄色葡萄球菌，在 6000g 离心 15min，收集菌体，细胞用无菌水洗涤两次，并重新悬浮在无菌水中，制成细胞悬浮液。在伤寒沙门氏菌细胞悬浮液中添加纯化的细菌素 mesenterocin ZLG85（160AU/mL），在金黄色葡萄球菌中添加细菌素 mesenterocin ZLG85（320AU/mL）处理，用 0.22μm 的微孔滤膜过滤后，采用紫外可见分光光度计在 260nm 和 280nm 处测定无细胞上清液的吸光度，以用蒸馏水处理的样品为空白对照。用处理一段时间后的上清液吸光度与初始吸光度的差值（ΔOD）来表示紫外吸收物质的渗漏。

（3）细菌素对 $\Delta\psi$ 的影响

采用 3, 3-二丙基-二碳菁碘化物［DISC$_3$（5）］作为检测转膜电势的荧光探针。离心收集伤寒沙门氏菌和金黄色葡萄球菌细胞，用磷酸盐-4-羟乙基哌嗪乙磺酸缓冲溶液（0.0025mol/L，pH 7.0）清洗，重新悬浮在相同的缓冲溶液中并添加 0.1mol/L 的葡萄糖。在细胞悬浮液中添加 0.4μmol/L 的 DISC$_3$（5）混合后，分别添加 0.1μmol/L 尼日利亚菌素、1μmol/L 缬氨霉素以及终浓度 160AU/mL 和 320AU/mL 的细菌素来测定细胞电势的变化。以不添加任何物质的细胞悬浮液作为空白对照，采用荧光分光光度计来测定荧光值，激发波长和发射波长分别设定为 622nm 和 670nm。

（4）流式细胞仪测定细胞通透性

处于对数期的 10mL OD_{600} 为 0.8~1.0 的伤寒沙门氏菌和金黄色葡萄球菌，6000g 离心 15min 收集菌体，用 pH6.5 无菌磷酸缓冲溶液清洗两次。用终浓度 160AU/mL 和 320AU/mL 的 mesenterocin ZLG85 在 37℃ 分别处理伤寒沙门氏菌和金黄色葡萄球菌 30min 和 60min 后，6000g 离心 15min 收集菌体。以菌体悬浮在不含细菌素的纯净水中作为空白对照，以碘化丙啶（PI）为染色剂，用流式细胞仪分析试验样与对照样品的 PI 荧光强度。

（5）细菌素对细胞表面电荷的影响

将培养至对数生长期后期的待测菌液离心，无菌超纯水洗涤两次，重悬在无菌超纯水中，加入 mesentericin ZLG85，混匀，37℃培养 1h，用 1mmol/L KNO$_3$（pH6.2）溶液清洗两次，重新悬浮在相同的溶液中并稀释至 10^{7}CFU/mL，在室温下用电泳仪测量细菌电泳运动率［EM，单位 10^{-8}m^2/（V·s）］作为细菌细胞表面电荷指标，电场电压 100V。

（6）细菌素对细胞表面疏水性的影响

十六烷是疏水性溶液，它对细菌的吸附率的改变体现了细菌表面疏水性的变化。将培养至对数生长期后期的待测菌液离心，无菌生理盐水洗涤两次，重新悬浮在 0.1mmol KNO$_3$（pH 6.2）的溶液中并稀释至 10^{7}CFU/mL，加入 mesentericin ZLG85，以生理盐水为阴性对照，37℃培养 15min，取菌液在 600nm 处测定 OD 值（OD_0）；再将 1.2mL 菌液加入 0.2mL 十六烷中，在旋涡器上混匀，室温下放置10min，使两相完全分离，15min后移取水相，在600nm处测定 OD 值（ OD_1 ）。细菌吸附率=（ $1-OD_1/OD_0$ ）×100%。

3.3.2.4 统计分析

所有实验重复3次，每次两个重复样品。采用SAS software（version 8.1）进行数据分析。

3.3.3 结果与分析

3.3.3.1 Mesenterocin ZLG85 对细胞生长的影响

（1）Mesenterocin ZLG85 对伤寒沙门氏菌细胞生长的影响

由图3-9可以看出，不添加细菌素的伤寒沙门氏菌，随着培养时间的延长，活菌数显著增加。当细菌素 mesenterocin ZLG85 浓度为 40AU/mL 时，伤寒沙门氏菌活菌数没有显著增加（ $P>0.05$ ），起到了抑制伤寒沙门氏菌生长的作用；当细菌素浓度为 80AU/mL 时，处理20h后伤寒沙门氏菌活菌数显著下降（ $P<0.05$ ），但下降值为1.6，致死率小于99%；当细菌素浓度为 160AU/mL 时，处理20h后伤寒沙门氏菌活菌数显著下降（ $P<0.05$ ），下降值为4.1，致死率大于99.99%，结果表明 160AU/mL 的细菌素对伤寒沙门氏菌表现为杀菌作用。

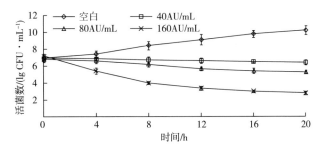

图3-9　Mesenterocin ZLG85 对伤寒沙门氏菌细胞生长的影响

（2）Mesenterocin ZLG85 对金黄色葡萄球菌细胞生长的影响

由图3-10可以看出，不添加细菌素的金黄色葡萄球菌，随着培养时间的延长，活菌数显著增加。当细菌素 mesenterocin ZLG85 浓度为 80AU/mL

时，金黄色葡萄球菌的活菌数没有显著增加（$P>0.05$），细菌素对菌体的生长起到了抑制作用；当细菌素浓度为 1600AU/mL 时，处理 20h 后金黄色葡萄球菌的活菌数显著下降（$P<0.05$），但下降值为 0.8，致死率小于 90%；当细菌素浓度为 320AU/mL 时，处理 20h 后金黄色葡萄球菌活菌数显著下降（$P<0.05$），下降值为 3.2，致死率大于 99.9%，结果表明 320AU/mL 的细菌素对金黄色葡萄球菌表现为杀菌作用。

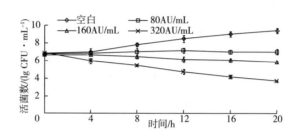

图 3-10　Mesenterocin ZLG85 对金黄色葡萄球菌细胞生长的影响

3.3.3.2　Mesenterocin ZLG85 对紫外吸收物质渗漏的影响

（1）Mesenterocin ZLG85 对伤寒沙门氏菌紫外吸收物质渗漏的影响

核酸和蛋白质的最大吸收波长分别为 260nm 和 280nm，因此常用这两个波长下的吸光值代表核酸和蛋白的浓度。由图 3-11 可以看出，当用 mesenterocin ZLG85 处理沙门氏菌 40min 后，在 260nm 和 280nm 下的 ΔOD 值分别提高到 0.369 和 0.495，而空白样品仅提高到 0.018 和 0.034。结果表明 mesenterocin ZLG85 导致了大量 260nm 和 280nm 处紫外吸收物质的渗漏。

（2）Mesenterocin ZLG85 对金黄色葡萄球菌紫外吸收物质渗漏的影响

目前常用 260nm 和 280nm 这两个波长下的吸光值代表核酸和蛋白的浓度。由图 3-12 可以看出，未用细菌素 mesenterocin ZLG85 处理的空白样品中，60min 后金黄色葡萄球菌细胞悬浮液中在 260nm 和 280nm 下的 ΔOD 值分别提高到 0.1 和 0.05；而用细菌素 mesenterocin ZLG85 处理革兰氏阳性细菌金黄色葡萄球菌 60min 后，在 260nm 和 280nm 下的 ΔOD 值分别提高到 0.54 和 0.64。以上实验结果表明细菌素 mesenterocin ZLG85 导致了金黄色葡萄球菌细胞内在 260nm 和 280nm 处紫外吸收物质的大量渗漏。

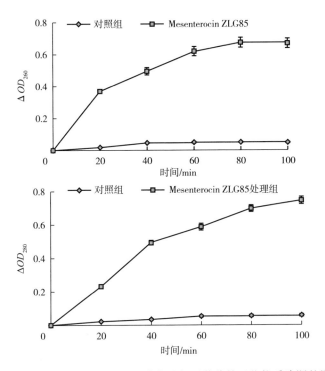

图 3-11 Mesenterocin ZLG85 对伤寒沙门氏菌紫外吸收物质渗漏的影响

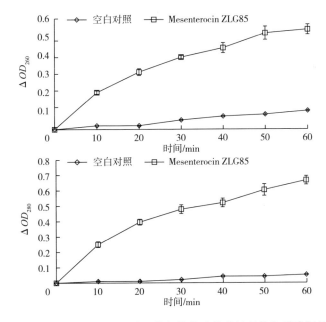

图 3-12 Mesenterocin ZLG85 对金黄色葡萄球菌紫外吸收物质渗漏的影响

3.3.3.3 Mesenterocin ZLG85 对 $\Delta\psi$ 的影响

（1）Mesenterocin ZLG85 对伤寒沙门氏菌 $\Delta\psi$ 的影响

采用荧光探针 $DISC_3$（5）来测定伤寒沙门氏菌的转膜电势 $\Delta\psi$。如果伤寒沙门氏菌细胞膜被破坏，将导致转膜电势 $\Delta\psi$ 的消散，使 $DISC_3$（5）释放到培养基中，引起培养液中荧光强度的提高。添加 valinomycin 引起伤寒沙门氏菌转膜电势 $\Delta\psi$ 的消散。但添加 nigericin 后，伤寒沙门氏菌细胞能维持转膜电势。在添加细菌素 mesenterocin ZLG85 10min 后，引起了伤寒沙门氏菌转膜电势快速和完全的耗散，耗散速度与添加 valinomycin 相当。这些结果表明了细菌素 mesenterocin ZLG85 引起伤寒沙门氏菌细胞转膜电势的耗散。这种变化与 Moll 等人报道的 Ⅱ 类细菌素 plantaricins EF 和 plantaricins JK 对 *Lactobacillus plantarum* 965 的作用方式相似（图 3-13）。

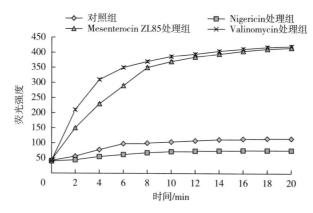

图 3-13 Mesenterocin ZLG85 处理伤寒沙门氏菌后 $DISC_3$（5）荧光强度值

（2）Mesenterocin ZLG85 对金黄色葡萄球菌 $\Delta\psi$ 的影响

荧光探针 $DISC_3$（5）可用来测定微生物细胞的转膜电势 $\Delta\psi$。如果微生物细胞的转膜电势被破坏，将导致细胞转膜电势 $\Delta\psi$ 消散，使 $DISC_3$（5）释放到培养基中，从而引起培养液中的荧光强度的提高。实验结果表明不添加细菌素 mesenterocin ZLG85 的空白对照样品中，金黄色葡萄球菌的转膜电势基本没有耗散，与阴性对照 Nigericin 相当；而在金黄色葡萄球菌培养液中添加了细菌素 mesenterocin ZLG85 后，引起了金黄色葡萄球菌

转膜电势 $\Delta\psi$ 的快速耗散，耗散速度与阳性对照 valinomycin 相当。这说明细菌素 mesenterocin ZLG85 能引起革兰氏阳性细菌金黄色葡萄球菌转膜电势的耗散（图 3-14）。

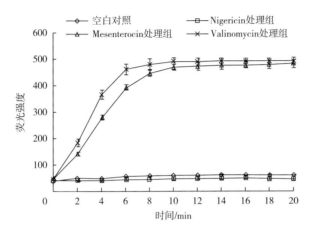

图 3-14　Mesenterocin ZLG85 处理金黄色葡萄球菌后 $DISC_3$（5）荧光强度值

3.3.3.4　Mesenterocin ZLG85 对细胞膜通透性的影响

碘化丙啶能与 DNA 结合产生荧光，用碘化丙啶染色细胞则染料能通过细胞膜进入细胞内与 DNA 结合。MnX 是平均荧光道数，MnX 越大，表明进入细胞的碘化丙啶越多，与遗传物质 DNA 结合后荧光强度越大，细胞膜的损伤越大，细胞的通透性越好。由表 3-3 可以看出，与不用细菌素作用的对照样品相比，细菌素 mesenterocin ZLG85 作用伤寒沙门氏菌 30min 和 60min 后，平均荧光道数 MnX 从 2.86 分别提高到 5.49 和 7.12。因此细菌素 mesenterocin ZLG85 作用沙门氏菌导致其细胞膜通透性的增大，形成了较大的孔隙。

表 3-3　流式细胞仪检测 mesenterocin ZLG85 对细胞的作用

样品	伤寒沙门氏菌 MnX	金黄色葡萄球菌 MnX
对照样品	2.86	2.48
细菌素作用 30min	5.49	6.33
细菌素作用 60min	7.12	7.52

由表3-3可以看出，与不用细菌素作用的对照样品相比，用320AU/mL的细菌素mesenterocin ZLG85作用革兰氏阳性细菌金黄色葡萄球菌后30min和60min后，MnX从2.86分别提高到6.33和7.52。因此用320AU/mL的细菌素mesenterocin ZLG85作用金黄色葡萄球菌，引起细胞膜通透性的增大。

3.3.3.5　对细胞表面电荷的影响

乳酸菌细菌素mesenterocin ZLG85与细菌细胞表面的接触是其发挥抗菌作用的第一步。从表3-4可以看出，细菌素mesenterocin ZLG85作用后，导致伤寒沙门氏菌和金黄色葡萄球菌细菌表面电负性增强，其中伤寒沙门氏菌由对照样品的-1.346的电负性增加到-3.595，金黄色葡萄球菌由对照样品的-1.972电负性增加到-2.837。此结果与侯丽霞等人的对家蝇抗菌肽的研究结果相一致。

表3-4　Mesenterocin ZLG85 对细胞表面电荷的影响

样品	伤寒沙门氏菌	金黄色葡萄球菌
对照样品	-1.346	-1.972
细菌素作用 1h	-3.595	-2.837

3.3.3.6　对细胞表面疏水性的影响

微生物细胞表面的疏水率是细胞表面的一个重要特性，与细胞表面的黏附作用紧密相关，由表3-5可以看出，当伤寒沙门氏菌和金黄色葡萄球菌被细菌素mesenterocin ZLG85作用后，细胞表面的疏水性显著下降，研究结果也与侯丽霞等人的对家蝇抗菌肽的研究结果相一致。

表3-5　Mesenterocin ZLG85 对细胞表面疏水性的影响

样品	细胞表面疏水率/%	
	伤寒沙门氏菌	金黄色葡萄球菌
对照样品	17.29	23.68
细菌素作用 1h	10.41	17.33

3.3.4 讨论与结论

肠膜明串珠菌素 mesenterocin ZLG85 是从发酵黄瓜中分离出的 *Leuconstoc mesenteroides* subsp. *mesenteroides* ZLG85 产生的细菌素，不仅能抑制革兰氏阳性细菌，也能抑制某些革兰氏阴性细菌，具有广谱的抗菌活性。实验以伤寒沙门氏菌和金黄色葡萄球菌作为革兰氏阴性细菌和革兰氏阳性细菌的模式菌株，采用紫外可见分光光度计、荧光分光光度计、流式细胞仪、电泳仪等仪器设备，通过对紫外吸收物质渗漏、转膜电势、细胞膜通透性、细胞表面电荷及疏水性的影响探讨肠膜明串珠菌素 ZLG85 对革兰氏阴性菌和革兰氏阳性细菌的抗菌机理。结果表明，肠膜明串珠菌素 ZLG85 的主要作用部位是在目标菌的细胞膜上，其对伤寒沙门氏菌和金黄色葡萄球菌的抗菌机理是导致沙门氏菌在 260nm 和 280nm 处紫外吸收物质的大量渗漏和转膜电势 $\Delta\psi$ 的消散，并导致细胞膜通透性增大，形成孔洞，导致其细胞表面电负性增强及疏水性的下降，最终导致细胞死亡。肠膜明串珠菌素 mesenterocin ZLG85 的这种作用机制与细菌素 plantaricins EF 和 plantaricins JK、bacteriocins ST194BZ 和 ST23LD 以及 pentocin 31-1 对敏感菌的作用机制一致。

肠膜明串珠菌素 mesenterocin ZLG85 不仅对革兰氏阳性细菌有抑菌作用，而且对革兰氏阴性细菌也有抑菌作用。细菌素作用的靶位点是细胞质膜，而革兰氏阴性菌及其细胞外膜作为屏障阻止细菌素对细胞质膜发挥抑菌作用。实验结果表明肠膜明串珠菌素 mesenterocin ZLG85 最终也可作用于伤寒沙门氏菌和金黄色葡萄球菌的细胞膜，引起膜的穿孔作用。在线软件 ProParam tool 分析 mesenterocin ZLG85 是一种带正电荷的抗菌肽，对革兰氏阴性细菌和革兰氏阳性细菌的作用方式均符合细胞膜损伤机理的假设。细菌素 mesenterocin ZLG85 可能是通过静电作用，作用于革兰氏阴性细菌伤寒沙门氏菌表面脂多糖的阴离子磷脂和磷酸基团，通过静电作用于革兰氏阳性细菌金黄色葡萄球菌细胞壁的磷壁酸上，从而吸附到伤寒沙门氏菌和金黄色葡萄球菌的表面，进而穿过细胞壁与细胞膜结合。细胞壁疏

水端可借助分子中连接结构的柔性插入伤寒沙门氏菌的细胞膜中，并牵引
mesenterocin ZLG85 进入细胞膜，扰乱膜上脂质及蛋白质的排列秩序，多个
细菌素聚合形成跨膜离子通道，导致大分子物质的流失，最终导致革兰氏
阳性细菌和革兰氏阴性细菌细胞的死亡。

4 格氏乳球菌素

4.1 格氏乳球菌素结构解析及抗菌作用研究

4.1.1 引言

发酵蔬菜是乳酸菌的优良载体，目前国内外研究者从发酵蔬菜中分离出多株产细菌素的乳酸菌。课题组从东北传统发酵蔬菜中分离出一株格氏乳球菌 *Lactococcus garvieae*，对其产生的细菌素 garviecin LG34 进行了分离纯化和抗菌谱的研究，发现其是一种新型广谱的乳酸菌细菌素，不仅对革兰氏阳性细菌有抑菌作用，也对革兰氏阴性细菌具有较强的抗菌作用。除了 garviecin LG34 外，其他研究者发现了 3 种由 *Lactococcus garvieae* 产生的格氏乳球菌素。2001 年，Villani 等人从鲜牛乳中分离出一株产细菌素的格氏乳球菌，将其产生的细菌素命名为 garviecin L1-5，研究表明其对蛋白酶敏感，具有较强的耐热性和稳定性，只对亲缘关系较近的菌株有抑制作用，分子质量为 2.5kDa。2011 年，Borrero 等人从绿头鸭粪便中分离出一株产细菌素的格氏乳球菌，将其产生的细菌素命名为 garviecin ML，研究发现这种细菌素为环状结构，对蛋白酶不敏感，由 60 个氨基酸组成，分子质量为 6.0kDa，只抑制革兰氏阳性细菌。2012 年，Tosukhowong 等人从当地发酵猪肉香肠中分离出产细菌素的格氏乳球菌，将其产生的细菌素命名为 garviecin Q，研究表明其对蛋白酶敏感，具有耐热性和稳定性，由 70 个氨基酸组成，分子量为 5.3kDa，只抑制革兰氏阳性细菌。

与前人已发现的 3 种格氏乳球菌素相比，garviecin LG34 具有对革兰氏阴性细菌和革兰氏阳性细菌的广谱抗菌作用，具有作为新型生物防腐剂的应用前景，但对其结构及抗菌机理等问题还有待进一步研究。本文对细菌素 garviecin LG34 进行分离纯化、分子质量测定和分子结构解析；采用蛋白质结构预测软件分析 garviecin LG34 的理化性质及结构信息；采用琼脂扩散法测定其对 8 种细菌的最小抑菌浓度，并研究其对金黄色葡萄球菌和大肠埃希氏菌细胞生长的影响，以期为 garviecin LG34 在食品中的应用奠定基础。

4.1.2　材料与方法

4.1.2.1　材料、培养基与试剂

Lactococcus garvieae LG34：分离自发酵蔬菜，在美国国家生物信息中心（National Center for Biotechnology Information，NCBI）的登录号为 KC200268。

金黄色葡萄球菌 CICC 21600、枯草芽孢杆菌 CICC10732、单细胞增生李斯特氏菌 CICC 21633、蜡样芽孢杆菌 CICC10184、藤黄八叠球菌 CICC10209、埃希氏大肠杆菌 CICC10899、鼠伤寒沙门氏菌 CICC21484、费氏志贺氏菌 CICC21534：购买于中国工业微生物菌种保藏管理中心，巢湖学院食品工程实验室保藏。

MRS 肉汤、营养肉汤北京奥博星生物技术有限责任公司。

4.1.2.2　仪器与设备

THZ-82A 数显气浴恒温振荡器购自常州普天仪器制造有限公司；TU-1810 型紫外-可见分光光度计购自北京普析通用仪器有限责任公司；TG16WS 高速离心机购自长沙湘智离心机仪器有限公司；RE-2000A 旋转蒸发仪购自上海亚荣生化仪器厂；LGJ-30F 真空冷冻干燥箱购自北京松源华兴科技发展有限公司；ABI 491 型蛋白测序仪购自美国应用生物系统公司；J500 型圆二色光谱（circular dichroism，CD）仪购自日本 JASCO 公司；Agilent 1100 型高效液相色谱仪购自安捷伦（中国）科技有限公司；Waters ZQ2000 型质谱仪购自沃特世科技（上海）有限公司。

4.1.3　方法

4.1.3.1　*Lactococcus garvieae* LG34菌株活化及培养

取−20℃冰箱保藏的*Lactococcus garvieae* LG34甘油管，室温融化后，按照5%的接种量接种至10mL无菌MRS液体试管中，30℃静置培养18h进行活化。将活化后的液体试管菌种按照2%的接种量接种至500mL MRS液体培养基中，30℃静置培养24h。

4.1.3.2　Garviecin LG34的分离纯化

将500mL的*Lactococcus garvieae* LG34培养液6000r/min离心10min，弃去菌体，将上清液在80℃水浴锅灭菌15min，旋转蒸发仪60℃浓缩至50mL。冷却后添加3倍体积的冰箱中预先冷却至4℃的无水乙醇，4℃冰箱放置过夜，离心收集上清液，旋转蒸发仪60℃浓缩至40mL。将醇沉浓缩液以去离子水为洗脱液采用Sephadex G50柱层析进行分部洗脱收集，测定各管对金黄色葡萄球菌的抗菌活性，将有抗菌活性的洗脱液收集，真空冷冻干燥。将冻干粉用无菌去离子水溶解至浓度100mg/mL，采用SP琼脂糖快速阳离子交换层析进行分离纯化，再用醋酸缓冲液（20mmol/L，pH4.0）平衡后，装入样品，用含氯化钠（1mol/L）的Tris-HCl缓冲液（50mmol/L，pH7.0）以流速为2mL/min进行洗脱。将有抗菌活性的洗脱液收集，真空冷冻干燥。

4.1.3.3　Garviecin LG34分子质量测定及结构解析

（1）Garviecin LG34分子质量测定及氨基酸序列分析

将纯化后的garviecin LG34采用液相色谱-串联质谱进行分析，液相色谱检测条件为：色谱柱为VYDAC-C18，4.6mm×250mm，5μm，流动相A为0.1%的三氟乙酸水溶液，流动相B为0.1%的三氟乙酸乙腈溶液，流速为1mL/min，波长220nm，上样量20μL；质谱检测条件为：喷雾电压5.02kV，喷射电流0.14μA，鞘气流速10.5L/min，辅助气流速0，毛细管电压14.85V，毛细管温度250℃。用ABI 491型蛋白测序仪对Garviecin LG34进行测序。采用Clustal Omega program将garviecin LG34的氨基酸序列与美国国家生物信息中心（NCBI）数据库中已知的细菌素进行比较。

（2）Garviecin LG34 理化性质分析

使用蛋白质分析软件 ProParam tool（http：//www. expasy. ch/tools/protparam. html）对 garviecin LG34 的理化性质进行分析。

（3）Garviecin LG34 二级结构预测

采用蛋白质结构分析工具 NPS@ 对 garviecin LG34 的二级结构进行预测。

（4）Garviecin LG34 圆二色谱分析

将纯化后的 garviecin LG34 样品溶于 10mmol/L 的磷酸盐缓冲液（pH7. 2）中，终浓度为 100μmol/L，采用圆二色谱仪测定（室温，180~260nm，样品池 1mm），数据以平均残基摩尔椭圆值表示（θ），谱图为 4 次累加的平均结果并经平滑处理，使用在线软件 Dichro Web 进行数据分析。

4.1.3.4　Garviecin LG34 对八种细菌最小抑菌浓度（MIC）的测定

（1）Garviecin LG34 倍比稀释试管的制备

将纯化后的 garviecin LG34 用 8 支 10mL 试管采用无菌营养肉汤培养基进行倍比稀释，另准备两支不添加 garviecin LG34 的试管。以上试管共准备 8 套。

（2）细菌培养及菌悬液制备

将枯草芽孢杆菌、金黄色葡萄球菌、单细胞增生李斯特氏菌、藤黄八叠球菌、蜡样芽孢杆菌、大肠埃希氏菌、费氏志贺氏菌、鼠伤寒沙门氏菌的斜面菌种 1~2 环接种至 50mL 已灭菌的营养肉汤液体培养基中，36℃，100r/min 培养 12h，采用无菌生理盐水将菌液浓度调整为 $1×10^8$CFU/mL。

（3）接种、培养及结果判定

将每种细菌的菌悬液按照 5‰的接种量接入 garviecin LG34 倍比稀释试管中。另外两支不添加 garviecin LG34 的试管，其中一支接种细菌作为细菌生长情况对照，另外一支不接种细菌作为无菌控制对照。所有试管 36℃培养 12h。肉眼观察试管中细菌生长完全被抑制时的最小抗菌药物浓度即为最小抑菌浓度。

4.1.3.5 Garviecin LG34 对金黄色葡萄球菌和埃希氏大肠杆菌细胞生长的影响

将-20℃冰箱保藏的金黄色葡萄球菌和埃希氏大肠杆菌的甘油管融化后，按照2%接种量接种至无菌营养肉汤液体培养基中，37℃，100r/min 培养 10h，5000r/min 离心 10min 收集菌体，用无菌水调整细胞悬浮液浓度为 10^9CFU/mL，按照1%的接种量接种至无菌营养肉汤液体培养基中，向其中加入制备的 garviecin LG34，使其终浓度分别为最小抑菌浓度×1、×1.5 和×2 倍的细菌素，37℃，100r/min 培养12h，以不添加 garviecin LG34 的样品为空白对照，每隔2h取样，采用平板菌落计数法测定金黄色葡萄球菌和埃希氏大肠杆菌的活菌数。

4.1.3.6 数据统计与分析

所有实验进行3次重复试验，每次试验两个平行样品。采用软件 SAS 8.1 进行数据分析处理。

4.1.4 结果与分析

4.1.4.1 Garviecin LG34 分离纯化及分子量测定

将分离纯化后 garviecin LG34 进行液相色谱-质谱联用分析，液相色谱分析表明分离纯化后 garviecin LG34 的纯度大于90%（图 4-1）；质谱分析表明 garviecin LG34 的分子质量为 5654.32Da（图 4-2）。

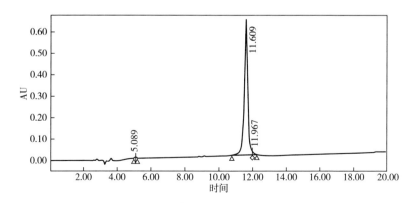

图 4-1 Garviecin LG34 的液相色谱图

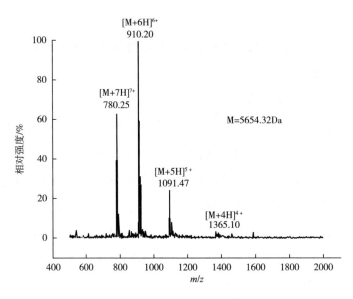

图 4-2 Garviecin LG34 质谱图

4.1.4.2 Garviecin LG34 氨基酸序列分析

采用 Edman 降解法，测定分离纯化后的 garviecin LG34 的氨基酸序列为：LAMVKYYGNGVSCNWRKHSCKKGLSVDWVYFGLLHNLGALRWYQHR。将 garviecin LG34 的氨基酸序列与美国国家生物信息中心（NCBI）数据库中已知的细菌素进行比较，结果表明其与 enterocin-HF（P86183.1）的相似性为 53%，与 mundticin（P80925.1）的相似性为 58%。用 Clustal Omega program 在线工具将 garviecin LG34 的氨基酸序列与已报道的 II 类细菌素氨基酸序列进行比较，结果见图 4-3。

```
Garviecin     lamvkyygngvscnwrkhsckkglsvdwvyf-gllhn--------lgalrwyqhr    46
Mundticin     ----kyygngvscnkk------gcsvdwgkaigiignnsaanlatggaagwsk--    43
Enterocin-HF  ----kyygngvscnkk------gcsvdwgkaigiignnaaanlttggkaawac--    43
                  **********       * ****   *    *          *  *
```

图 4-3 Garviecin LG34 与已报道的 II 类细菌素的氨基酸序列相似性比较

（*代表相同氨基酸，破折号表示导致最大化对齐的空间）

由图 4-3 可以看出，garviecin LG34 是一个由 *Lactococcus garvieae* LG34 产生的新型 II 类细菌素，II 类细菌素的共同特征是其中含有 YGNGV 片段。到目前为止，只发现 3 种由 *Lactococcus garvieae* 产生的细菌素，包括分子量为 2.5kDa 的 garviecin L1-5，分子量为 6.0kDa 的 garvieacin Q 和分子量为 5.3kDa 的 garvicin ML。与 NCBI 数据库中细菌素的同源性分析结果也表明了 garviecin LG34 不同于其他 *Lactococcus garvieae* 产生的细菌素（图 4-3）。

4.1.4.3 Garviecin LG34 的理化性质及二级结构预测

（1）Garviecin LG34 理化性质分析

使用 ProParam tool 软件对 garviecin LG34 的理化性质进行分析，结果表明 garviecin LG34 是由 46 个氨基酸残基组成，预测其分子量为 5456.36Da，理论等电点 pI 为 9.83。Garviecin LG34 分子中负电荷氨基酸残基总数为 1，正电荷氨基酸残基总数为 7；分子中原子总数为 760。Garviecin LG34 中脂肪氨基酸指数 80.43，总平均疏水性系数为 -0.339，说明其具有亲水性。Garviecin LG34 分子不稳定系数为 28.14，根据多肽不稳定系数大于 40 则不稳定的标准，说明细菌素 Garviecin LG34 具有结构稳定性。

前期实验对 garviecin LG34 的稳定性研究结果表明其具有较强的热稳定性，121℃处理 30min 后相对抗菌活性仍为 89.5%。pH 值在 2.0~8.0 时，garviecin LG34 能保持稳定的抑菌活性；这与在线软件 ProParam tool 分析结果相同。预测分子质量（5456.36Da）与实际分子质量（5654.32Da）误差为 0.036%；细菌素 garviecin LG34 易溶解于水。这些结果说明利用 ProParam tool 进行细菌素理化性质预测具有很高的准确性。

（2）Garviecin LG34 二级结构预测

图 4-4 为采用蛋白质结构分析工具 NPS@ 在线同源建模对 garviecin LG34 的二级结构进行预测的结果，预测结果表明 garviecin LG34 的 α-螺旋结构占比 21.7%，无规则卷曲结构为 56.5%，片层结构占比 21.7%。

4.1.4.4 Garviecin LG34 圆二色谱分析

图 4-5 为采用圆二色谱仪数据处理软件进行平滑处理后获得的 garviecin LG34 的圆二色谱图，表 4-1 为使用 Dichro Web 分析后得到的 garviecin LG34 的各二级结构的含量。结果表明 garviecin LG34 主要结构为 α-螺旋和无规则

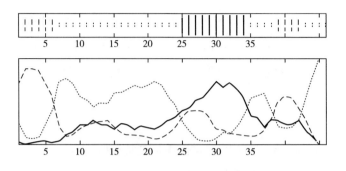

图 4-4 Garviecin LG34 二级结构预测

（——为 α-螺旋结构，……为卷曲结构，－－－为片层结构）

卷曲结构，其中 α-螺旋结构占比 36.6%，无规则卷曲结构为 51.9%。圆二色谱仪测定结果及二级结构预测结果都表明其含有较高的 α-螺旋结构和无规则卷曲结构。采用蛋白质结构分析工具 NPS@ 预测结果为 α-螺旋结构占比 21.7%，与圆二色谱测定结果相比准确性 59.3%；无规则卷曲结构为 56.5%，与圆二色谱测定结果相比准确性 90% 以上。细菌素等多肽二级结构的预测是其结构预测的重要组成部分，资料表明，随着生物信息学的快速发展，对蛋白类物质二级结构预测的准确性也在不断提高，目前总体单序列预测准确度可达到 60% 以上。Garviecin LG34 的 α-螺旋结构和无规则卷曲结构预测结果准确性与资料报道结果相同。

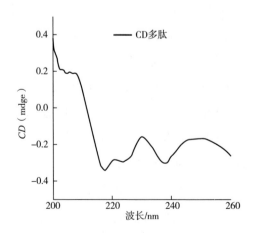

图 4-5 Garviecin LG34 圆二色谱分析

表 4-1 **Garviecin LG34 的各二级结构的含量**

结构	α-螺旋	无规则卷曲	其他结构
相对含量/%	36.6	51.9	11.4

4.1.4.5 Garviecin LG34 对 8 种细菌的最小抑菌浓度

由表 4-2 可以看出，garviecin LG34 对革兰氏阳性细菌金黄色葡萄球菌、单细胞曾胜利斯特氏菌、藤黄八叠球菌和革兰氏阴性细菌埃希氏大肠杆菌、费氏志贺氏菌和鼠伤寒沙门氏菌均具有较强的抗菌活性，但对枯草芽孢杆菌和蜡样芽孢杆菌的抗菌活性较弱。

表 4-2 **Garviecin LG34 对细菌的最小抑菌浓度**

菌种名称	革兰氏染色反应类型	最小抑菌浓度/$(mg \cdot mL^{-1})$
金黄色葡萄球菌	革兰氏阳性细菌	0.156
枯草芽孢杆菌	革兰氏阳性细菌	> 10.000
单细胞曾胜利斯特氏菌	革兰氏阳性细菌	0.313
蜡样芽孢杆菌	革兰氏阳性细菌	> 10.000
藤黄八叠球菌	革兰氏阳性细菌	0.625
埃希氏大肠杆菌	革兰氏阴性细菌	0.313
鼠伤寒沙门氏菌	革兰氏阴性细菌	0.625
费氏志贺氏菌	革兰氏阴性细菌	0.313

4.1.4.6 Garviecin LG34 对金黄色葡萄球菌细胞生长的影响

由图 4-6 可以看出，随着培养时间的延长，不添加 garviecin LG34 的金黄色葡萄球菌（空白对照）的活细胞数显著增加，在 37℃培养 12h 后，活菌数对数值由 6.8 提高至 9.5。当培养基中 garviecin LG34 浓度达最小抑菌浓度（MIC）时，金黄色葡萄球菌的活细胞数对数值没有显著增加（$P>$ 0.05），对金黄色葡萄球菌的生长起到抑制作用；当 garviecin LG34 浓度达最小抑菌浓度的 1.5 倍（MIC×1.5）时，在 37℃培养 12h 后，金黄色葡萄球菌活菌数对数值显著下降（$P<0.05$），下降值仅为 1.8，致死率小于 99%；当 garviecin LG34 浓度达最小抑菌浓度的 2.0 倍（MIC×2.0）时，在

37℃培养 12h 后，金黄色葡萄球菌活菌数对数值显著下降，下降达 4.8，致死率大于 99.99%，表明最小抑菌浓度 2.0 倍的 garviecin LG34 对金黄色葡萄球菌表现为杀菌作用。

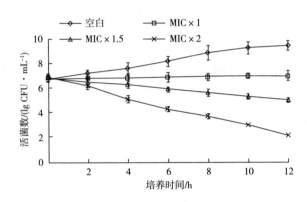

图 4-6   Garviecin LG34 对金黄色葡萄球菌细胞生长的影响

4.1.4.7   Garviecin LG34 对埃希氏大肠杆菌细胞生长的影响

由图 4-7 可以看出，随着培养时间的延长，不添加 garviecin LG34 的埃希氏大肠杆菌（空白对照）的活细胞数显著增加，在 37℃培养 12h 后，活菌数对数值由 6.8 提高至 9.2。当培养基中 garviecin LG34 浓度达最小抑菌浓度（MIC）时，埃希氏大肠杆菌的活细胞数对数值没有显著增加（$P>0.05$），对埃希氏大肠杆菌的生长起到抑制作用；当 garviecin LG34 浓度达最小抑菌浓度的 1.5 倍（MIC×1.5）时，在 37℃培养 12h 后，埃希氏大肠杆菌活菌数对数值显著下降（$P<0.05$），下降值仅为 1.5，致死率小于 99%；当 garviecin LG34 浓度达最小抑菌浓度的 2.0 倍（MIC×2.0）时，在 37℃培养 12h 后，埃希氏大肠杆菌活菌数对数值显著下降，下降达 4.1，致死率大于 99.99%，表明最小抑菌浓度 2.0 倍的 garviecin LG34 对埃希氏大肠杆菌表现为杀菌作用。

4.1.5   结论

Garviecin LG34 分子质量为 5654.32Da，采用 Edman 降解法测定其氨基酸

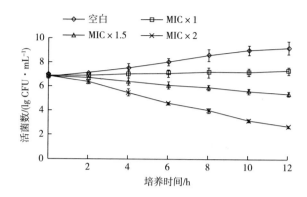

图 4-7 Garviecin LG34 对埃希氏大肠杆菌细胞生长的影响

序列为 LAMVKYYGNGVSCNWRKHSCKKGLSVDWVYFGLLHNLGALRWYQHR。是一种新型广谱Ⅱ类乳酸菌细菌素。ProParam tool 软件分析表明 garviecin LG34 是由 46 个氨基酸残基组成，理论等电点 pI 为 9.83；具有亲水性；分子不稳定系数为 28.14，具有结构稳定性。圆二色谱测定 garviecin LG34 的主要结构为 α-螺旋和无规则卷曲结构，其中 α-螺旋结构占比 36.6%，无规则卷曲结构为 51.9%；采用蛋白质结构分析工具 NPS@ 预测其 α-螺旋结构占比 21.7%，与圆二色谱测定结果相比准确性 59.3%；无规则卷曲结构为 56.5%，与圆二色谱测定结果相比准确性 90% 以上。

Garviecin LG34 浓度达金黄色葡萄球菌和埃希氏大肠杆菌最小抑菌浓度的 2.0 倍（MIC×2.0）时，对两种菌均表现为杀菌作用。结果表明，garviecin LG34 具有作为新型生物防腐剂的应用前景，但对其广谱抗菌机理等问题还有待进一步研究。

4.2 pH 对新型广谱乳酸菌细菌素 Garviecin LG34 结构及抗菌活性的影响

4.2.1 前言

拉曼光谱是一种散射光谱，拉曼光谱分析是在印度科学家 C. V. 拉曼

（Raman）发现的拉曼散射效应的基础上，通过对散射光谱进行分析得到关于分子振动及转动方面的信息，并将其应用于分子结构研究的一种分析方法。在对蛋白质结构进行研究的过程中，由于蛋白质容易受到水等分散介质的影响，很多分析仪器无法完成正常测定或测定结果受到很大程度的影响。而采用拉曼光谱法以水为分散介质进行蛋白质结构分析时，由于水的拉曼散射很微弱，使得拉曼光谱法成为研究多肽、蛋白质等水溶性物质结构的理想工具。由于拉曼光谱法具有检测方便快速、无需消耗化学试剂、可实现无损检测等优点，已广泛应用于生物、材料及环保等领域。一些学者已利用拉曼光谱法成功开展蛋白质的结构分析。但利用拉曼光谱法进行乳酸菌细菌素二级结构的研究鲜有报道。

实验利用拉曼光谱法研究 pH 对新型广谱乳酸菌细菌素 garviecin LG34 结构的影响，并在此基础上研究细菌素 garviecin LG34 结构与抗菌活性之间的关系，以期为新型广谱乳酸菌细菌素的开发提供有益的参考。

4.2.2 材料

4.2.2.1 菌种、培养基与试剂

Lactococcus garvieae LG34：产细菌素，分离自东北传统发酵蔬菜，在美国国家生物信息中心（National Center for Biotechnology Information，NCBI）的登录号为 KC200268。

鼠伤寒沙门氏菌：巢湖学院食品工程实验室保藏菌种。

MRS 肉汤、营养肉汤：北京奥博星生物技术有限责任公司。

4.2.2.2 仪器与设备

DXR2 型激光显微拉曼光谱仪（美国赛默飞世尔 Thermo Fisher 公司）；THZ-82A 数显气浴恒温振荡器（常州普天仪器制造有限公司）；LDAM-80KCS-Ⅲ立式高压蒸汽灭菌锅（上海申安医疗器械厂）；TG16WS 高速离心机（长沙湘智离心机仪器有限公司）；LGJ-30F 真空冷冻干燥箱（北京松源华兴科技发展有限公司）；RE-2000A 旋转蒸发仪（上海亚荣生化仪器厂）。

4.2.3 方法

4.2.3.1 细菌素 garviecin LG34 发酵及分离纯化

取 *Lactococcus garvieae* LG34 冰箱保藏的斜面菌种 1~2 环，接种至 10mL 已灭菌的 MRS 液体培养基中，30℃培养 16h，按照 2%的接种量接种至 500mL 已灭菌的 MRS 液体培养基中，30℃发酵 24h。将发酵液 6000r/min 离心 15min，取无菌上清液 80℃水浴处理 10~15min，旋转蒸发仪 55~60℃浓缩至原体积的 1/10（45~50mL）。冷却后添加 3 倍体积的冷乙醇（4℃），4℃冰箱放置 12h，8000r/min 离心 10min 弃去沉淀，将上清液利用旋转蒸发仪 55~60℃浓缩至 40mL。以去离子水为洗脱液采用 Sephadex G25 柱层析进行分部洗脱，测定各收集管中的洗脱液对金黄色葡萄球菌的抗菌活性，收集具有抗菌活性的洗脱液，真空冷冻干燥。将样品采用无菌去离子水溶解（100mg/mL），采用 SP 快速阳离子交换层析纯化，交换柱用醋酸缓冲液（20mmol/L，pH4.0）平衡后装入细菌素样品，用含氯化钠（1mol/L）的 Trise HCl 缓冲液（50mmol/L，pH7.0）洗脱。将有抗菌活性的洗脱液收集，真空冷冻干燥。

4.2.3.2 不同 pH 处理细菌素 garviecin LG34

配制 0.01mol/L 的 pH 4、pH 5、pH 6 的柠檬酸-磷酸二氢钠，pH 7、pH 8、pH 9 的 Tris-HCl 缓冲溶液。然后利用缓冲溶液配制成 50mg/mL 的 pH 4、pH 5、pH 6、pH 7、pH 8、pH 9 的细菌素样品，30℃处理 12h。

4.2.3.3 pH 对细菌素 garviecin LG34 抗菌活性的影响

（1）不同 pH 处理的细菌素 garviecin LG34 样品的制备

将不同 pH 处理的细菌素 garviecin LG34 样品，用 1mol/L NaOH 调节至 pH7.0，添加至鼠伤寒沙门氏菌菌悬液中，使细菌素 garviecin LG34 的终浓度为 0.5mg/mL，以不用 pH 处理的细菌素 garviecin LG34 为空白对照。

（2）鼠伤寒沙门氏菌双层平板的制备

将冰箱保藏的鼠伤寒沙门氏菌斜面菌种 1~2 环接种至 10mL 已灭菌的营养肉汤液体培养基中，36℃培养 12h，按照 1%的接种量接种至

100mL 已灭菌的营养肉汤培养基中，36℃发酵 14~16h，制备成鼠伤寒沙门氏菌菌悬液。

将灭菌的营养肉汤固体培养基融化后倒入无菌平板内，制备成营养肉汤固体培养基下层，冷却凝固。均匀摆入无菌牛津杯，将 5mL 灭菌的营养肉汤半固体培养基融化冷却至 45~50℃，加入用无菌水稀释 100 倍的鼠伤寒沙门氏菌菌悬液 0.1mL，迅速摇匀并倒入下层培养基上铺平，冷却凝固后，取出牛津杯。

（3）pH 对细菌素 garviecin LG34 抗菌活性影响的测定

将 1.3.3.1 制备的细菌素 garviecin LG34 样品 0.1mL 分别加入牛津杯中，36℃培养 18~24h，测定抑菌圈直径，以未用 pH 处理的细菌素样品为空白对照，计算抗菌活性保留率。抗菌活性保留率=（不同 pH 处理后抑菌圈直径/空白对照抑菌圈直径）×100%。

4.2.3.4 pH 对细菌素 garviecin LG34 结构影响的拉曼光谱分析

将 50mg/mL 的 pH 4、pH 5、pH 6、pH 7、pH 8、pH 9 处理的细菌素 garviecin LG34 样品在激发光波长 785nm、发射功率 300mW、200~2000cm^{-1} 范围内测定拉曼光谱谱图。每个样品都重复扫描 3 次以上，各样品的拉曼光谱谱图都由计算机做信号累加平均并绘图输出，峰位误差小于±3cm^{-1}。采用 Labspec 4.0 软件进行拉曼光谱图谱基线校正及各峰归属处理；利用 OMNIC 9 for Dispersive Raman 软件进行谱图的拟合。

4.2.4 结果与分析

4.2.4.1 pH 对细菌素 garviecin LG34 抗菌活性的影响

由图 4-8 可以看出，在 pH（4.0~9.0）的范围内，随着 pH 的提高，细菌素 garviecin LG34 抗菌活性保留率呈现先上升后下降的趋势，在 pH 7.0 时细菌素 garviecin LG34 的抗菌活性保留率最高，碱性条件处理后抗菌活性保留率小于酸性条件。pH 8.0 和 pH 9.0 处理后抗菌保留率仅为 81.7% 和 73.4%；酸性条件下 pH 4.0、pH 5.0 和 pH 6.0 处理后细菌素 garviecin LG34 抗菌活性保留率分别为 84.4%、89.8% 和 95.2%。因此，酸性（pH≤5）和碱性（pH≥8）条件会使细菌素 garviecin LG34 抗菌活性显著下降（$P<0.05$），但在酸性条件下细菌素稳定性显著高于碱性条件（$P<0.05$）。

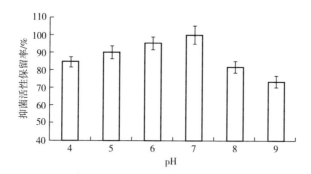

图 4-8　pH 对细菌素 garviecin LG34 抗菌活性的影响

4.2.4.2　pH 对细菌素 garviecin LG34 结构影响的拉曼光谱分析

不同 pH 处理后细菌素 garviecin LG34 的拉曼光谱图如图 4-9 所示，对拉曼光谱谱图中的谱峰进行指认，结果见表 4-3。

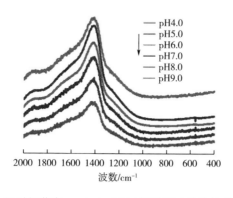

图 4-9　pH 对细菌素 garviecin LG34 结构影响的拉曼光谱分析图

表 4-3　Garviecin LG34 拉曼光谱特征峰指认

波数/cm⁻¹	峰位指认	结构信息
500~550	二硫键 S—S 伸缩	二硫键构象旋转
1003~1006	苯丙氨酸	对结构不敏感，作为内部强度标准

续表

波数/cm⁻¹	峰位指认	结构信息
1230~1240	N—H 平面弯曲，C—N 伸缩	酰胺Ⅲ带反平行折叠
1241~1249	N—H 平面弯曲，C—N 伸缩	酰胺Ⅲ带无规则结构
1275~1300	N—H 平面弯曲，C—N 伸缩	酰胺Ⅲ带螺旋
1645~1660	酰胺键 C=O 伸缩，N—H 弯折	酰胺Ⅰ带螺旋
1660~1670	酰胺键 C=O 伸缩，N—H 弯折	酰胺Ⅰ带无规则结构
1670~1690	酰胺键 C=O 伸缩，N—H 弯折	酰胺Ⅰ带反平行折叠

4.2.4.3　pH 对细菌素 garviecin LG34 二级结构的影响

由图 4-9 和表 4-3 可以看出，细菌素 garviecin LG34 二级结构主要由拉曼光谱中酰胺Ⅰ带酰胺键 C=O 与 C—N 键的伸张和酰胺Ⅲ带 N—H 弯曲和 C—N 键的伸缩所决定。

采用 Labspec 4.0 软件对不同 pH 处理后细菌素 garviecin LG34 二级结构拉曼光谱的酰胺Ⅰ带和酰胺Ⅲ带进行分析，实验结果分别见表 4-4 和表 4-5。

表 4-4　利用酰胺Ⅰ带拟合确定 pH 对 garviecin LG34 二级结构的影响

pH	α-螺旋结构占比/%	反平行结构/%	无规则卷曲/%
4.0	29.3[c]	14.3[b]	56.4[b]
5.0	31.4[b]	13.1[c]	55.5[b]
6.0	33.3[a]	12.7[c]	54.0[c]
7.0	34.1[a]	12.5[c]	54.4[c]
8.0	27.8[d]	15.9[a]	56.3[b]
9.0	23.3[e]	16.2[a]	60.5[a]

注　同列肩标字母不同代表差异显著（$P<0.05$）。

表 4-5　利用酰胺Ⅲ带拟合确定 pH 对 garviecin LG34 二级结构的影响

pH	α-螺旋结构占比/%	反平行结构/%	无规则卷曲/%
4.0	30.4[d]	15.8[a]	53.8[e]
5.0	34.2[b]	13.3[c]	52.5[c]
6.0	36.1[a]	11.7[d]	52.2[c]

pH	α-螺旋结构占比/%	反平行结构/%	无规则卷曲/%
7.0	37.5[a]	10.9[e]	51.6[d]
8.0	32.7[c]	13.2[c]	54.1[b]
9.0	28.9[e]	14.8[b]	56.3[a]

注 同列肩标字母不同代表差异显著（$P<0.05$）。

由表4-4和表4-5可以看出，细菌素garviecin LG34的二级结构主要由α-螺旋结构和无规则卷曲结构组成，酰胺I带和酰胺Ⅲ带的α-螺旋结构随着pH的升高呈现先上升后下降的趋势，当pH为7.0时达到最大，pH在6.0~4.0，随着pH的下降，α-螺旋结构占比显著下降（$P<0.05$）；pH在7.0~9.0，随着pH的升高，α-螺旋结构占比也呈现显著下降趋势（$P<0.05$）。结合pH对细菌素garviecin LG34抗菌活性影响的实验结果（图4-9），可以看出，α-螺旋结构的含量与细菌素garviecin LG34抗菌活性之间具有正相关性。此研究结果与李丽等人对乳酸片球菌素抗菌作用的研究结果一致。

4.2.5　结论

①酸性（pH≤5）和碱性（pH≥8）环境使细菌素garviecin LG34抗菌活性显著下降（$P<0.05$）。

②拉曼光谱分析结果表明细菌素garviecin LG34二级结构主要由α-螺旋结构和无规则卷曲结构组成。

③pH显著影响细菌素garviecin LG34中α-螺旋结构的占比和抗菌活性，而且α-螺旋结构占比与细菌素garviecin LG34抗菌活性之间具有正相关性。

4.3　Garviecin LG34 的抗菌谱及稳定性研究

4.3.1　材料

4.3.1.1　实验菌种

细菌素产生菌：*Lactococcus garvieae* LG34。

4.3.1.2 仪器与设备

实验所用主要仪器与设备见表4-6。

表4-6 主要的仪器

仪器名称	型号	生产厂家
电热恒温培养箱	DRP-9028	上海森信试验仪器有限公司
电热恒温水浴锅	DK-S24	上海森信试验仪器有限公司
pH计	DELTA-320	上海梅特勒-托利多仪器有限公司
立式压力蒸汽灭菌器	LDZX-75KBS	上海申安医疗仪器厂
台式多管架离心机	TD5A	长沙英泰仪器有限公司
旋转蒸发器	RE-5298	上海亚荣生化仪器厂
紫外可见分光光度计	722	上海精密仪器有限公司
生物洁净工作台	BCN-1360	北京东联哈尔仪器制造有限公司
电热恒温鼓风干燥箱	DGG-9053	上海森信试验仪器有限公司
分析天平	AR-2140	梅特勒-托利多仪器
生化培养箱	SHP-250	上海森信试验仪器有限公司
全温振荡器	HZQ-QX	哈尔滨东联电子技术开发有限公司

4.3.1.3 主要培养基

营养肉汤培养基（g/L）：蛋白胨10g，牛肉膏3g，氯化钠5g，pH 7.2~7.4，121℃灭菌20min。

MRS培养基（g/L）：葡萄糖20g，蛋白胨10g，牛肉膏10g，酵母膏5g，$K_2HPO_4 \cdot 3H_2O$ 2g，乙酸钠5g，$CaCO_3$ 5g，柠檬酸三铵2g，$MgSO_4 \cdot 7H_2O$ 0.58g，$MnSO_4 \cdot 4H_2O$ 0.25g，吐温80 1mL，pH 6.5。

营养肉汤半固体培养基（g/L）：牛肉膏3g，氯化钠5g，蛋白胨8g，琼脂8g，pH 7.4~7.6。

营养肉汤固体培养基（g/L）：琼脂1.5g，其余同半固体培养基。

YEPD液体培养基（g/L）：酵母粉20g，葡萄糖20g，蛋白胨20g，121℃灭菌20min。

YEPD固体培养基（g/L）：琼脂粉18~20g，其余同液体培养基。

PDA 液体培养基（g/L）：马铃薯 200g，葡萄糖 20g，121℃灭菌 20min。

PDA 固体培养基（g/L）：琼脂粉 15~20g，其余同液体培养基。

4.3.1.4 主要试剂

实验所用的主要试剂见表 4-7。

表 4-7 主要试剂

药品名称	规格	生产厂家
牛肉膏	生化试剂	北京奥博星生物技术有限公司
蛋白胨	生化试剂	北京奥博星生物技术有限公司
葡萄糖	分析纯	天津市科密欧化学试剂有限公司
无水乙酸钠	分析纯	天津市大茂化学试剂厂
柠檬酸三铵	分析纯	天津市大茂化学试剂厂
磷酸二氢钾	分析纯	天津市大茂化学试剂厂
$MgSO_4 \cdot 7H_2O$	分析纯	天津市大茂化学试剂厂
$MnSO_4 \cdot 4H_2O$	分析纯	北京五七六〇一化工厂
吐温 80	分析纯	天津市瑞金特化学品有限公司
甘油	分析纯	天津市瑞金特化学品有限公司
KCl	分析纯	天津市大茂化学试剂厂
NaCl	分析纯	天津市大茂化学试剂厂
$CaCl_2$	分析纯	天津市大茂化学试剂厂
$CuSO_4 \cdot 5H_2O$	分析纯	天津市大茂化学试剂厂
甲苯	分析纯	哈尔滨化工化学试剂厂
丙酮	分析纯	天津市大茂化学试剂厂
乙醚	分析纯	天津市大茂化学试剂厂
石油醚	分析纯	天津市大茂化学试剂厂
氯仿	分析纯	哈尔滨化工化学试剂厂

4.3.2 实验方法

4.3.2.1 细菌素样品的制备

取格氏乳球菌 LG34 菌种 1 环转接到 10mL MRS 液体培养基中，30°恒温培养 16 ~ 18h，按 3% 二次扩大培养 24h。在 4000r/min 条件下离心 25min，取无细胞上清液，将 pH 调到 6.0，旋转蒸发至原体积的 1/10。添加 4 倍体积冷处理乙醇沉淀 24h，弃去下层蛋白。最后把浓缩液旋转蒸发至原体积的一半。

4.3.2.2　格氏乳球菌素 LG34 抗菌谱的测定

分别选取植物乳杆菌、德氏乳杆菌德氏亚种、德氏乳杆菌保加利亚亚种、枯草芽孢杆菌、金黄色葡萄球菌、单增李斯特菌、嗜热链球菌、嗜酸乳杆菌、藤黄八叠球菌、大肠杆菌、弗氏志贺氏菌、啤酒酵母、黑曲霉、黄曲霉为指示菌，采用琼脂扩散法测定格氏乳球菌素 LG34 的抑菌效果。

4.3.2.3　加热对格氏乳球菌素 LG34 活性的影响

将格氏乳球菌素 LG34 在高温下处理一段时间后，以未经热处理的格氏乳球菌素 LG34 作为对照，测定热处理后的细菌素对金黄葡萄球菌的抑菌活性。

4.3.2.4　蛋白酶对格氏乳球菌素 LG34 活性的影响

把木瓜蛋白酶、碱性蛋白酶、胃蛋白酶等酶制剂充分溶解，分别加入细菌素，在 37℃ 水浴中 5h 后，调整液体 pH 6.0，检测各种蛋白酶对格氏乳球菌素 LG34 抑菌活性的影响。

4.3.2.5　pH 对 garviecin LG34 抑菌活性的影响

将格氏乳球菌素 LG34 样品的 pH 用 1mol/L NaOH 或 1mol/L HCl 分别调整到酸性和碱性环境，经 12h 作用后调 pH6.0，以未处理的细菌素样品为空白对照，测定酸碱环境对格氏乳球菌素 LG34 抑菌活性的影响。

4.3.2.6　搅拌转速对抑菌活性的影响

将 garviecin LG34 用搅拌器分别在 900r/min、1000r/min、1100r/min、1200r/min 搅拌 2h，采用双层琼脂扩散法检验抑菌活性，以未经搅拌的细菌素作为对照组，测定搅拌后对 garviecin LG34 抑菌活性的影响。

4.3.2.7　冷藏对抑菌活性的影响

将 garviecin LG34 分别冷藏 0、5 天、10 天、15 天、20 天，采用双层琼脂扩散法检验抑菌活性，以未经冷藏的细菌液作为对照组，测定均质后对 garviecin LG34 抑菌活性的影响。

4.3.2.8 紫外光照对抑菌活性的影响

将 garviecin LG34 在紫外灯下照射不同时间，采用双层琼脂扩散法检验抑菌活性，以未经紫外照射的细菌素作为对照组，测定紫外照射后对 garviecin LG34 抑菌活性的影响。

4.3.2.9 日光照射对抑菌活性的影响

将 garviecin LG34 在阳光下照射不同时间，采用双层琼脂扩散法检验抑菌活性，以未经紫外照射的细菌素作为对照组，测定日光照射后对 garviecin LG34 抑菌活性的影响。

4.3.3 结果与分析

4.3.3.1 Garviecin LG34 的抗菌谱

分别选取植物乳杆菌、德氏乳杆菌德氏亚种、德氏乳杆菌保加利亚亚种、枯草芽孢杆菌、金黄色葡萄球菌、单增李斯特菌、嗜热链球菌、嗜酸乳杆菌、藤黄八叠球菌、大肠杆菌、弗氏志贺氏菌、啤酒酵母、黑曲霉、黄曲霉为指示菌，采用琼脂扩散法测定 garviecin LG34 的抑菌谱，实验结果见表4-8。

由表4-8可见，garviecin LG34 的抑菌谱较广，除枯草芽孢杆菌外，对大多数革兰氏阳性菌均有抑制作用，而且对革兰氏阴性菌也有抑制作用，但不抑制霉菌和酵母菌。

表4-8 Garviecin LG34 的抗菌谱

指示菌	来源	G+/G-	抑菌活性
植物乳杆菌	分离自发酵酸黄瓜	G+	++
德氏乳杆菌德氏亚种	微生物实验室保藏	G+	++
德氏乳杆菌保加利亚亚种	微生物实验室保藏	G+	+++
枯草芽孢杆菌	微生物实验室保藏	G+	-
金黄色葡萄球菌	微生物实验室保藏	G+	+++
单增李斯特菌	微生物实验室保藏	G+	+++

续表

指示菌	来源	G+/G-	抑菌活性
嗜热链球菌	微生物实验室保藏	G+	++
嗜酸乳杆菌	微生物实验室保藏	G+	+++
藤黄八叠球菌	微生物实验室保藏	G+	++
大肠杆菌	微生物实验室保藏	G-	+++
弗氏志贺氏菌	微生物实验室保藏	G-	+++
啤酒酵母	微生物实验室保藏	-	-
黑曲霉	微生物实验室保藏	-	-
黄曲霉	微生物实验室保藏	-	-

注 +：抑菌圈直径为 10~15mm；++：抑菌圈直径为 15~20mm；+++：抑菌圈直径大于 20mm；-：无抑菌作用。

目前已知的格氏乳球菌素有 *Lactococcus garvieae* DCC43 产生的 Garviecin ML；由 *Lactococcus garvieae* BCC 43578 产生的 garviecin Q；由 *L. garvieae* L1-5 产生的 garviecin L1-5。目前的这些格氏乳球菌素只对部分乳酸菌和部分 G$^+$ 菌如单增李斯特菌和梭状芽孢杆菌具有抑菌作用，而对 G$^-$ 菌没有抑菌作用。

Garviecin LG34 无论是对革兰氏阳性菌还是革兰氏阴性菌都具有抑制作用，这不同于目前已有的这几种格氏乳球菌素。因此 garviecin LG34 是一种由格氏乳球菌产生的新型广谱细菌素。

4.3.3.2　加热对 garviecin LG34 抑菌活性的影响

将 garviecin LG34 在 80℃、90℃、100℃ 分别处理 30min 和 60min，121℃ 处理 30min 后，以未经热处理的作为对照，测定热处理后的 garviecin LG34 对金黄葡萄球菌的抑菌活性，实验结果见图 4-10。

由图 4-10 可以看出，garviecin LG34 对热很稳定，在经 121℃ 处理 30min 后抑菌活性仅降低了 10.5%。因此在食品生产与加工进行杀菌处理的过程中，不会导致细菌素抑菌活性的丧失。

4.3.3.3　蛋白酶对 garviecin LG34 活性的影响

把木瓜蛋白酶、胃蛋白酶、碱性蛋白酶、中性蛋白酶以及胰蛋白酶充

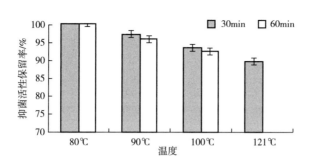

图 4-10　温度对 garviecin LG34 抑菌活性的影响

分溶解在 20mmol/L 的 PBS 缓冲液（pH 7.6、pH 2.0、pH 6.2、pH 7.0、pH 7.0）中配成酶母液，分别加入 garviecin LG34 提取液，使酶终浓度为 5mg/mL，在 37℃水浴中温浴 5h，取出后将 pH 调到 6.0，以不加蛋白酶处理的发酵液作为对照，采用牛津杯扩散法，测定对金黄色葡萄球菌的抑菌活性，检测各种蛋白酶对 garviecin LG34 抑菌活性的影响，实验结果见表 4-9。

表 4-9　蛋白酶对 garviecin LG34 抑菌活性的影响

蛋白酶	残留活性/%
胃蛋白酶	38.7
胰蛋白酶	37.1
中性蛋白酶	50.7
碱性蛋白酶	53.3
木瓜蛋白酶	43.2

由表 4-9 可以看出，garviecin LG34 对胃蛋白酶和胰蛋白酶具有较强敏感性，而对其他 3 种酶具有弱的敏感性。由于细菌素具有蛋白质的性质，在细菌素作为生物防腐剂随食物进入胃肠消化道系统后，可被体内的各种酶降解，不会在体内产生残留，安全性较高。

4.3.3.4　pH 对 garviecin LG34 抑菌活性的影响

将 garviecin LG34 样品的 pH 值用 1mol/L NaOH 或 1mol/L HCl 分别调整到 2.0、3.0、4.0、5.0、6.0、7.0、8.0、9.0、10.0、11.0，经 12h 作用后将

pH 值调至 6.0，以未处理的细菌素样品为空白对照，以金黄色葡萄球菌为指示菌，测定 pH 对 garviecin LG34 抑菌活性的影响，实验结果见图 4-11。

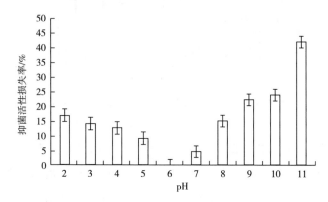

图 4-11　pH 对 garviecin LG34 抑菌活性的影响

由图 4-11 可以看出，garviecin LG34 的抗菌活性在 pH 2.0~8.0 具有较好的稳定性，在 pH 2.0 处理后活性仅损失 18%，说明 garviecin LG34 具有较好的耐酸能力；在中性条件下 garviecin LG34 抑菌效果最好，但当 pH 大于 9.0 后抑菌活性损失较大，在 pH 11.0 时抑菌活性最弱。

4.3.3.5　搅拌转速对抑菌活性的影响

将 garviecin LG34 用搅拌器分别在 900r/min、1000r/min、1100r/min、1200r/min 时进行搅拌 2h，采用双层琼脂扩散法检验抑菌活性，以未经搅拌的细菌素作为对照组，测定搅拌后对 garviecin LG34 抑菌活性的影响，实验结果见图 4-12。

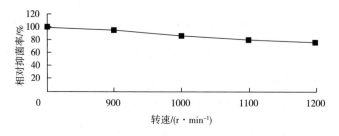

图 4-12　搅拌转速对 garviecin LG34 抑菌活性的影响

由图 4-12 可知，随着转速增加，抑菌圈的大小变化不大，转速对 gar-viecin LG34 的抑菌活性影响不显著。在当搅拌的转速小于 800r/min 时，garviecin LG34 的抑菌活性有较好的稳定性。在当搅拌的转速大于 800r/min 时，抑菌活性开始降低。

4.3.3.6 冷藏对抑菌活性的影响

将 garviecin LG34 分别冷藏 0、5 天、10 天、15 天、20 天，采用双层琼脂扩散法检验抑菌活性，以未经冷藏的细菌液作为对照组，测定均质后对 garviecin LG34 抑菌活性的影响，实验结果见图 4-13。

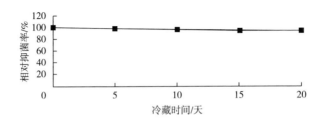

图 4-13　冷藏对 garviecin LG34 抑菌活性的影响

由图 4-13 可知，随着冷藏的天数增多，对 garviecin LG34 的影响不显著，经过 20 天的冷藏，抑菌活性仅降低 5.92%，因此，在食品生产与加工进行冷藏处理的过程中，不会导致细菌素抑菌活性的丧失，用于食品防腐将具有较高的安全性。

4.3.3.7 紫外光照对抑菌活性的影响

将 garviecin LG34 在紫外灯下照射不同时间，采用双层琼脂扩散法检验抑菌活性，以未经紫外照射的细菌素作为对照组，测定紫外照射后对 garviecin LG34 抑菌活性的影响，实验结果见图 4-14。

从图 4-14 可以看出，紫外照射对 garviecin LG34 的抗菌活性影响不显著。紫外照射 12h，garviecin LG34 的抗菌活性保存率在 98% 以上。

4.3.3.8 日光照射对抑菌活性的影响

将 garviecin LG34 在阳光下照射不同时间，采用双层琼脂扩散法检验抑菌活性，以未经紫外照射的细菌素作为对照组，测定日光照射后对 garviecin LG34 抑菌活性的影响，实验结果见图4-15。

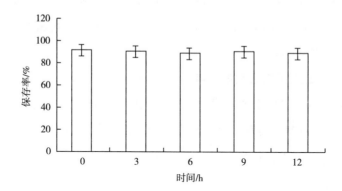

图4-14　紫外光照对 garviecin LG34 抑菌活性的影响

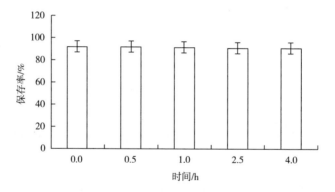

图4-15　日光照射对 garviecin LG34 抑菌活性的影响

由图4-15可以看出，日光照射对 garviecin LG34 的抗菌活性影响不显著。日光照射4h，garviecin LG34 的抗菌活性保存率在98%以上。

4.3.4　结论

①格氏乳球菌 LG34 的抑菌谱较广，既能抑制革兰氏阳性腐败和致病性细菌，也能抑制革兰氏阴性腐败和致病性细菌，但不能抑制霉菌和酵母。

②格氏乳球菌产细菌素 LG34 具有较好的耐热特性，在高温下处理后，抑菌活性仍然可保留90%。蛋白酶处理格氏乳球菌素 LG34 后抑菌活性显

著降低。格氏乳球菌素 LG34 在酸性环境之中能保留其抗菌活性，但碱性环境中活性损失较大。

③转速、冷藏及日光照射对 garviecin LG34 的抗菌活性影响不显著。

4.4 防腐剂与 Garviecin LG34 的协同抑制作用

4.4.1 材料

4.4.1.1 菌种

格氏乳球菌：实验室自行分离。

金黄色葡萄球菌：微生物实验室保藏菌种。

大肠杆菌：微生物实验室保藏菌种。

4.4.1.2 仪器与设备

实验用仪器与设备见表 4-10。

表 4-10 主要的仪器

仪器名称	型号	生产厂家
台式多管架离心机	TD5A	长沙英泰仪器有限公司
大容量低速台式离心机	LD4-40	北京京立离心机有限公司
紫外可见分光光度计	T6 新世纪	北京普析通用仪器有限责任公司
生物洁净工作台	BCN-1360	北京东联哈尔仪器制造有限公司
pH 计	DELTA-320	上海梅特勒-托利多仪器有限公司
生化培养箱	SHP-250	上海森信实验仪器有限公司
电热恒温水锅	DK-S24	上海森信实验仪器有限公司
电热恒温培养箱	DRP-9082	上海森信实验仪器有限公司
电热恒温鼓风干燥箱	DGG-9053	上海森信实验仪器有限公司
电子天平	AR-2140	上海梅特勒-托利多仪器有限公司
旋转蒸发器	RE-5298	上海亚荣生化仪器厂
立式压力蒸汽灭菌器	LDZX-75KBS	上海申安医疗器械厂

4.4.1.3 主要试剂

实验所用的主要试剂见表4-11。

表4-11 主要试剂

药品名称	规格	生产厂家
葡萄糖	分析纯	天津市科密欧化学试剂有限公司
无水乙醇	分析纯	天津市北方化玻购销中心
NaCl	分析纯	天津市大茂化学试剂厂
蛋白胨	生化试剂	北京奥博星生物技术有限公司
$K_2HPO_4 \cdot 3H_2O$	分析纯	天津市大茂化学试剂厂
牛肉膏	生化试剂	北京奥博星生物技术有限公司
酵母膏	生化试剂	北京奥博星生物技术有限公司
$CaCO_3$	分析纯	北京红星化工厂
琼脂粉	生化试剂	天津市英博生化试剂有限公司
$MnSO_4 \cdot 4H_2O$	分析纯	北京五七六○一化工厂
柠檬酸三铵	分析纯	天津市大茂化学试剂厂
$MgSO_4 \cdot 7H_2O$	分析纯	天津市大茂化学试剂厂
结晶乙酸钠	分析纯	天津市大茂化学试剂厂
吐温80	化学纯	天津市瑞金特化学品有限公司

4.4.2 实验方法

4.4.2.1 发酵液的制备

挑取格氏乳球菌接种于MRS液体培养基中,30℃培养12h。再将其转接到SL液体培养基中,于30℃恒温培养24h。4000r/min离心20min,取无细胞上清液调pH至6.0,旋转蒸发浓缩10倍。4倍体积无水乙醇过夜沉淀,旋转蒸发浓缩到原体积的2倍备用。

4.4.2.2 Nisin对garviecin LG34抗菌效果的影响

在含有garviecin LG34(60AU/mL)的金黄色葡萄球菌的营养肉汤液体培养基中添加Nisin(1~15mg/L)来测定防腐剂Nisin对细菌素garviecin

LG34 抑菌效果的影响，以只添加防腐剂 Nisin、不添加 garviecin LG34 的含菌的营养肉汤培养液作为对照，进行样品的培养和抑菌效果的评价。

4.4.2.3 脱氢醋酸钠对 garviecin LG34 抑菌效果的影响

在含有 garviecin LG34（60AU/mL）的金黄色葡萄球菌的营养肉汤液体培养基中添加脱氢醋酸钠（0~0.16g/L）来测定食品防腐剂脱氢醋酸钠对细菌素 garviecin LG34 抑菌效果的影响，以只添加防腐剂脱氢醋酸钠、不添加 garviecin LG34 的含菌的营养肉汤培养液作为对照，进行样品的培养和抑菌效果的评价。

4.4.2.4 亚硝酸钠对 garviecin LG34 抗菌效果的影响

在含有 garviecin LG34（60AU/mL）的金黄色葡萄球菌的营养肉汤液体培养基中添加亚硝酸钠（0~0.1g/L）来测定防腐剂脱氢醋酸钠对细菌素 garviecin LG34 抑菌效果的影响，以只添加防腐剂亚硝酸钠、不添加 garviecin LG34 的含菌的营养肉汤培养液作为对照，进行样品的培养和抑菌效果的评价。

4.4.2.5 溶菌酶对 garviecin LG34 抗菌效果的影响

在含有 garviecin LG34（60AU/mL）的金黄色葡萄球菌的营养肉汤液体培养基中添加溶菌酶（0~0.05g/L）来测定防腐剂溶菌酶对细菌素 garviecin LG34 抑菌效果的影响，以只添加防腐剂溶菌酶，不添加 garviecin LG34 的含菌的营养肉汤培养液作为对照，进行样品的培养和抑菌效果的评价。

4.4.3 结果与分析

4.4.3.1 Nisin 对 garviecin LG34 抗菌效果的影响

Nisin 通常应用在乳制品和肉制品的加工中，只对革兰氏阳性细菌有抑制作用。由图 4-16 可以看出，当 Nisin 含量在 1~5mg/L 时，单独使用对指示菌没有抑制作用。但是当 80AU/mL 的 garviecin LG34 与 5mg/L Nisin 联合使用时，使 garviecin LG34 的抑菌率由 35.6% 提高到 59.1%，Nisin 主要作用于革兰氏阳性菌的肽聚糖，当 Nisin 与 garviecin LG34 联合使用时，Nisin 可能在 garviecin LG34 作用细胞壁膜的时候，增强了对肽聚糖的作用，从而提高了 garviecin LG34 的抑菌效果。

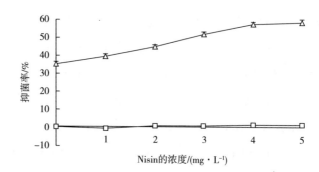

图 4-16　Nisin 对 garviecin LG34 抑菌效果的影响

（△：含有 Nisin 时，garviecin LG34 对 *S. aureus* ATCC 63589 的抑菌效果；

□：Nisin 对 *S. aureus* ATCC 63589 的抑菌效果）

4.4.3.2　脱氢醋酸钠对 garviecin LG34 抑菌效果的影响

由图 4-17 可以看出，在脱氢醋酸钠的含量不高于 0.16g/L 时，单独使用对 *S. aureus* ATCC 63589 没有抑制作用。但当与 80AU/mL 的 garviecin LG34 联合使用时，0.16g/L 脱氢醋酸钠使 garviecin LG34 对 *S. aureus* ATCC 63589 的抑菌率从 36.8% 提高到 68.2%。

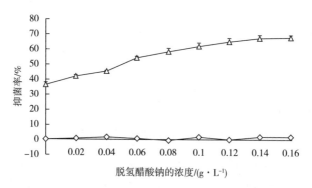

图 4-17　脱氢醋酸钠对 garviecin LG34 抑菌效果的影响

（△：含有脱氢醋酸钠时，garviecin LG34 对 *S. aureus* ATCC 63589 的抑菌效果；

◇：脱氢醋酸钠对 *S. aureus* ATCC 63589 的抑菌效果）

4.4.3.3　亚硝酸钠对 garviecin LG34 抗菌效果的影响

亚硝酸钠作为一种化学防腐剂应用在肉制品中，通常有发色和抗菌两种作用，能够抑制单细胞增生李斯特氏菌和肉毒梭状芽孢杆菌等致病菌。由图 4-18 可以看出，当 garviecin LG34 与 0.1g/L 亚硝酸钠联合使用时，使 garviecin LG34 对 *S. aureus* ATCC 63589 的抑菌率由 36.1%提高到 52.3%，而单独使用 0~0.1g/L 的亚硝酸钠没有抑制作用，亚硝酸钠主要作用于细胞的遗传物质。这种 garviecin LG34 与亚硝酸钠的协同作用可能是由于 garviecin LG34 主要作用于细胞壁膜，形成孔洞便于亚硝酸钠的进入，从而起到协同作用。

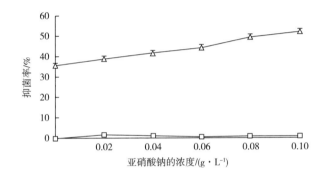

图 4-18　亚硝酸钠对 garviecin LG34 抑菌效果的影响

（△：含有亚硝酸钠时，garviecin LG34 对 *S. aureus* ATCC 63589 的抑菌效果；

□：亚硝酸钠对 *S. aureus* ATCC 63589 的抑菌效果）

4.4.3.4　溶菌酶对 garviecin LG34 抗菌效果的影响

由图 4-19 可以看出，单独使用 0~0.05g/L 的溶菌酶对指示菌没有抑制作用。当 garviecin LG34 与 0.05g/L 溶菌酶联合使用时，能使 garviecin LG34 对 *S. aureus* ATCC 63589 的抑菌率由 36.5%提高到 55.8%，因此溶菌酶和 garviecin LG34 具有协同增效作用。

4.4.4　结论

①当 80AU/mL 的 garviecin LG34 与 5mg/L nisin 联合使用时，使 garviecin LG34 的抗菌率由 35.6%提高到 59.1%，具有协同增效作用。

②当与 80AU/mL 的 garviecin LG34 联合使用时，0.16g/L 脱氢醋酸钠

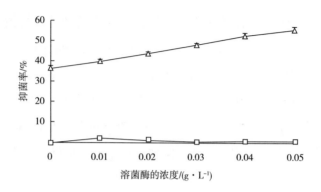

图 4-19 溶菌酶对 garviecin LG34 抑菌效果的影响

（△：含有溶菌酶时，garviecin LG34 对 *S. aureus* ATCC 63589 的抑菌效果；

□：溶菌酶对 *S. aureus* ATCC 63589 的抑菌效果）

使 garviecin LG34 对 *S. aureus* ATCC 63589 的抑菌率从 36.8% 提高到 68.2%，具有协同增效作用。

③garviecin LG34 与 0.1g/L 亚硝酸钠联合使用时，使 garviecin LG34 对 *S. aureus* ATCC 63589 的抑菌率由 36.1% 提高到 52.3%，具有协同增效作用。

④garviecin LG34 与 0.05g/L 溶菌酶联合使用时，能使 garviecin LG34 对 *S. aureus* ATCC 63589 的抑菌率由 36.5% 提高到 55.8%，具有协同增效作用。

4.5 Garviecin LG34 在乳品中的应用研究

4.5.1 材料

4.5.1.1 供试菌株

Lactococcus garvieae LG34：微生物实验室保藏。

4.5.1.2 培养基

MRS 培养基（g/L）1.2L：葡萄糖 24g，蛋白胨 12g，牛肉膏 12g，酵母膏 6g，$K_2HPO_4 \cdot 3H_2O$ 2.4g，乙酸钠 6g，$CaCO_3$ 6g，柠檬酸三铵 2.4g，

$MgSO_4 \cdot 7H_2O$ 0.696g，MnSO4·$4H_2O$ 0.3g，吐温 80 1.2mL，pH6.5。

营养肉汤培养基（g/L）：蛋白胨 10g，牛肉膏 3g，氯化钠 5g，pH 7.2~7.4。

NB 固体培养基（g/L）：蛋白胨 10g，牛肉膏 3g，氯化钠 5g，琼脂 15g，pH 7.4~7.6。

NB 半固体培养基（g/L）：蛋白胨 10g，牛肉膏 3g，氯化钠 5g，琼脂 8g，pH 7.4~7.6。

4.5.1.3　试验试剂

氢氧化钠、氯化钠、吐温 80 等购自天津大茂化学试剂厂。

4.5.1.4　仪器与设备

实验仪器与设备如表 4-12 所示。

表 4-12　主要的仪器与设备

仪器名称	型号	生产厂家
电子天平	AR-2140	上海梅特勒-托利多仪器有限公司
电热恒温培养箱	DRP-9052 型	上海森信实验仪器有限公司
生化培养箱	SHP-250 型	上海森信实验仪器有限公司
无菌操作台	DL-CJ-2N 型	北京东联哈尔仪器制造有限公司
蒸汽灭菌锅	LDZX-40SCZ 型	上海申安医疗器械厂
旋转蒸发仪	RE-52C 型	上海亚荣仪器厂

4.5.2　实验方法

4.5.2.1　Garviecin LG34 与防腐剂联合使用对鲜牛乳防腐保藏效果的影响

（1）Garviecin LG34 与 nisin 联合使用对鲜牛乳防腐保藏效果的影响

根据前期的实验结果，单独使用 0.4g/kg garviecin LG34 对鲜牛乳的防腐保藏效果最好，而前期 garviecin LG34 与防腐剂的协同作用表明，nisin 和脱氢醋酸钠能提高 garviecin LG34 对金黄色葡萄球菌和大肠杆菌的抗菌效果。实验首先研究 garviecin LG34 与 nisin 以 0.5∶1、1∶1、2∶1 的比例联合使用对鲜牛乳防腐保藏效果的影响。

（2）Garviecin LG34 与溶菌酶联合使用对鲜牛乳防腐保藏效果的影响

前期 garviecin LG34 与防腐剂的协同作用表明，溶菌酶能提高 garviecin LG34 对金黄色葡萄球菌和大肠杆菌的抗菌效果。实验研究 garviecin LG34 与溶菌酶以 0.5∶1、1∶1、2∶1 的比例联合使用对鲜牛乳防腐保藏效果的影响。

4.5.2.2 鲜牛乳中 garviecin LG34 应用方法优化

根据单因素实验结果，对鲜牛乳保藏过程中防腐剂添加量进行响应面优化。

4.5.3 结果与分析

4.5.3.1 Garviecin LG34 与 Nisin 联合使用对鲜牛乳防腐保藏效果的影响

根据前期的实验结果，单独使用 0.4g/kg garviecin LG34 对鲜牛乳的防腐保藏效果最好，而前期 garviecin LG34 与防腐剂的协同作用表明，Nisin 和脱氢醋酸钠能提高 garviecin LG34 对金黄色葡萄球菌和大肠杆菌的抗菌效果。实验首先研究 garviecin LG34 与 Nisin 以 0.5∶1、1∶1、2∶1 的比例联合使用对鲜牛乳防腐保藏效果的影响。

（1）细菌总数变化

总添加量为 0.4g/kg，garviecin LG34 和 Nisin 不同的添加比例对牛乳样品细菌总数的影响见表 4-13。

表 4-13 添加比例对细菌总数的影响/（CFU·mL^{-1}）

添加比例	保藏时间/h						
	0	24	48	72	96	120	144
0.5∶1	62	5.7×10^2	3.4×10^3	5.9×10^4	1.1×10^5	2.8×10^5	3.4×10^6
1∶1	58	3.8×10^2	1.6×10^3	6.4×10^3	8.3×10^3	2.2×10^4	1.8×10^5
2∶1	50	4.2×10^2	2.1×10^3	9.4×10^3	1.2×10^4	1.0×10^5	6.6×10^5

由表 4-13 可以看出，garviecin LG34 和 Nisin 不同的添加比例对牛乳样品细菌总数的影响显著，garviecin LG34 和 Nisin 添加比例为 0.5∶1 时，在存放 96h 时，已经超过乳品微生物控制的要求，garviecin LG34 和 Nisin 添

加比例为 2∶1 时，在存放 120h 时，已经超过乳品微生物控制的要求，而比例为 1∶1 时，存放 120h 后还符合国家标准的要求。

（2）酸度变化

garviecin LG34 和 Nisin 不同添加比例的样品酸度变化情况如表 4-14 所示。

表 4-14 添加比例对酸度的影响

添加比例	保藏时间/h				
	<48	72	96	120	144
0.5∶1	13	16	19	21	22
1∶1	12	15	16	18	20
2∶1	14	14	17	19	21

由表 4-14 可以看出，garviecin LG34 和 Nisin 添加比例为 0.5∶1 时，在存放 96h 时，巴氏消毒乳样品酸度已经超过酸度控制要求，garviecin LG34 和 Nisin 添加比例为 2∶1 时，在存放 120h 时，巴氏消毒乳样品酸度符合酸度控制要求。而比例为 1∶1 时，存放 120h 后还符合酸度控制的要求。

（3）感官指标变化

Garviecin LG34 和 Nisin 不同添加比例的样品，在贮藏120h 后感官指标如表 4-15 所示。

表 4-15 添加比例对感官指标的影响

添加比例	滋味和气味	组织状态	色泽	煮沸试验
0.5∶1	有酸味	黏稠	淡黄色	少量絮片
1∶1	有乳香味	均匀流体	乳白色	无沉淀
2∶1	略有酸味	不均匀	乳白色	少量沉淀

由表 4-15 可以看出，garviecin LG34 和 Nisin 添加比例为 1∶1 的样品，贮藏 120h 后各项感官指标良好，而添加比例为 0.5∶1 和 2∶1 的样品，在贮藏 120h 后，已发生腐败。

4.5.3.2 Garviecin LG34 与溶菌酶联合使用对鲜牛乳防腐保藏效果的影响

前期 garviecin LG34 与防腐剂的协同作用表明，溶菌酶能提高 garviecin

LG34 对金黄色葡萄球菌和大肠杆菌的抗菌效果。实验研究 garviecin LG34 与溶菌酶以 0.5：1、1：1、2：1 的比例联合使用对鲜牛乳防腐保藏效果的影响。

（1）细菌总数变化

总添加量为 0.4g/kg，garviecin LG34 和溶菌酶不同的添加比例对牛乳样品细菌总数的影响见表 4-16。

表 4-16　添加比例对细菌总数的影响/（CFU·mL^{-1}）

添加比例	保藏时间/h						
	0	24	48	72	96	120	144
0.5：1	49	4.1×10^2	2.6×10^3	1.3×10^4	1.2×10^5	1.6×10^5	1.4×10^6
1：1	52	2.9×10^2	1.1×10^3	3.8×10^3	6.9×10^3	3.1×10^4	1.1×10^5
2：1	46	3.3×10^2	1.9×10^3	4.5×10^3	2.0×10^4	1.6×10^5	4.2×10^5

由表 4-16 可以看出，garviecin LG34 和溶菌酶不同的添加比例对牛乳样品细菌总数的影响显著，garviecin LG34 和溶菌酶添加比例为 0.5：1 时，在存放 96h 时，已经超过乳品微生物控制的要求，garviecin LG34 和溶菌酶添加比例为 2：1 时，在存放 120h 时，已经超过乳品微生物控制的要求，而比例为 1：1，存放 120h 后还符合国家标准的要求。

（2）酸度变化

Garviecin LG34 和溶菌酶不同添加比例的样品酸度变化情况如表 4-17 所示。

表 4-17　添加比例对酸度的影响

添加比例	保藏时间/h				
	<48	72	96	120	144
0.5：1	12	14	19	20	21
1：1	11	12	15	17	20
2：1	13	14	16	19	22

由表 4-17 可以看出，garviecin LG34 和溶菌酶添加比例为 0.5：1 时，在存放 96h 时，巴氏消毒乳样品酸度已经超过酸度控制要求，garviecin

LG34 和溶菌酶添加比例为 2 : 1 时，在存放 120h 时，巴氏消毒乳样品酸度
符合酸度控制要求。而比例为 1 : 1 时，存放 120h 后还符合酸度控制的
要求。

（3）感官指标变化

Garviecin LG34 和溶菌酶不同添加比例的样品，在贮藏 120h 后感官指
标如表 4-18 所示。

表 4-18　添加比例对感官指标的影响

添加比例	滋味和气味	组织状态	色泽	煮沸试验
0.5 : 1	酸味明显	不均匀	淡黄色	少量絮片
1 : 1	有乳香味	均匀流体	乳白色	无沉淀
2 : 1	略有酸味	不均匀	浅黄色	少量沉淀

由表 4-18 可以看出，garviecin LG34 和溶菌酶添加比例为 1 : 1 的样
品，贮藏 120h 后各项感官指标良好，而添加比例为 0.5 : 1 和 2 : 1 的样
品，在贮藏 120h 后，已发生腐败。

4.5.3.3　鲜牛乳中 garviecin LG34 应用方法优化

根据单因素实验结果，对鲜牛乳保藏过程中防腐剂添加量进行响应面
优化，实验因素水平、实验设计及结果见表 4-19 和表 4-20。

表 4-19　响应面因素水平表

水平	X_1: Garviecin LG34 添加量 /(g·kg^{-1})	X_2: Nisin 添加量 /(g·kg^{-1})	X_3: 溶菌酶添加量 /(g·kg^{-1})
-1	0.14	0.08	0.08
0	0.10	0.10	0.10
1	0.06	0.12	0.12

表 4-20　Box-Behnken 实验设计及实验结果

试验号	X_1	X_2	X_3	Y/h
1	-1	-1	0	112
2	-1	1	0	124

试验号	X_1	X_2	X_3	Y/h
3	1	−1	0	78
4	1	1	0	88
5	0	−1	−1	90
6	0	−1	1	98
7	0	1	−1	106
8	0	1	1	114
9	−1	0	−1	126
10	1	0	−1	110
11	−1	0	1	120
12	1	0	1	108
13	0	0	0	132
14	0	0	0	134
15	0	0	0	136

对表 4-20 数据进行回归分析，变量分析结果见表 4-21，得到二次回归方程编码为

$$Y = 134 - 12.25X_1 + 6.75X_2 + X_3 - 9.75X_1^2 - 0.5X_1X_2 + X_1X_3 - 23.75X_2^2 - 8.25X_3^2$$

表 4-21　Y 模型回归方程方差分析

方差来源	自由度	平方和	均方	F 值	$Pr>F$
模型	9	4021.933	446.8815	7.138682	0.021704
误差	5	313	62.6	—	—
总和	14	4334.933	—	—	—

从表 4-21 可以看出 $P = 0.021704$，回归方程显著，分析结果表明，影响因子与响应值间关系显著，相关系数为 $R^2 = 92.78\%$，回归方程拟合较好。

由 SAS 软件进行脊岭分析，可知该模型的稳定点即为模型的最大极值点，依此模型可预测在稳定状态下的最大值，对回归方程求导，得到 $Y = 138.38h$，$X_1 = -0.63087$，$X_2 = 0.14875$，$X_3 = -0.02237$；即 garviecin LG34

添加量为 0.125g/kg, nisin 添加量为 0.103g/kg, 溶菌酶添加量为 0.10g/kg, 在此条件下进行 3 次验证实验, 保藏时间为 138h。

4.5.4 结论

①garviecin LG34 和 Nisin 不同的添加比例对牛乳样品细菌总数的影响显著, garviecin LG34 和 nisin 添加比例为 0.5∶1 时, 在存放 96h 时, 已经超过乳品微生物控制的要求, garviecin LG34 和 Nisin 添加比例为 2∶1 时, 在存放 120h 时, 已经超过乳品微生物控制的要求, 而比例为 1∶1, 存放 120h 后还符合国家标准的要求。garviecin LG34 和 Nisin 添加比例为 0.5∶1 时, 在存放 96h 时, 巴氏消毒乳样品酸度已经超过酸度控制要求, garviecin LG34 和 Nisin 比例为 2∶1, 存放 120h 时, 巴氏消毒乳样品酸度符合酸度控制要求, 而比例为 1∶1, 存放 120h 后还符合酸度控制的要求。garviecin LG34 和 Nisin 添加比例为 1∶1 的样品, 贮藏 120h 后各项感官指标良好, 而添加比例为 0.5∶1 和 2∶1 的样品, 在贮藏 120h 后, 已发生腐败。

②garviecin LG34 和溶菌酶不同的添加比例对牛乳样品细菌总数的影响显著, garviecin LG34 和溶菌酶添加比例为 0.5∶1 时, 在存放 96h 时, 已经超过乳品微生物控制的要求, garviecin LG34 和溶菌酶添加比例为 2∶1 时, 在存放 120h 时, 已经超过乳品微生物控制的要求, 而比例为 1∶1, 存放 120h 后还符合国家标准的要求。garviecin LG34 和溶菌酶添加比例为 0.5∶1 时, 存放 96h, 巴氏消毒乳样品酸度已经超过酸度控制要求, garviecin LG34 和溶菌酶添加比例为 2∶1, 存放 120h 时, 巴氏消毒乳样品酸度符合酸度控制要求, 而比例为 1∶1, 存放 120h 后还符合酸度控制的要求, garviecin LG34 和溶菌酶添加比例为 1∶1 的样品, 贮藏 120h 后各项感官指标良好, 而添加比例为 0.5∶1 和 2∶1 的样品, 在贮藏 120h 后, 已发生腐败。

③根据单因素实验结果, 对鲜牛乳保藏过程中防腐剂添加量进行响应面优化, 确定 garviecin LG34 添加量为 0.125g/kg, Nisin 添加量为 0.103g/kg, 溶菌酶添加量为 0.10g/kg, 在此条件下进行 3 次验证实验, 保藏时间为 138h。

4.6 Garviecin LG34 对革兰氏阳性
细菌抗菌机理的研究

4.6.1 材料

4.6.1.1 指示菌

金黄色葡萄球菌 CICC 21600：微生物实验室保藏。

4.6.1.2 培养基

格氏乳球菌：采用 MRS 培养基。

金黄色葡萄球菌：采用营养肉汤培养基。

4.6.1.3 主要实验仪器 （表4-22）

表4-22 主要仪器

仪器名称	型号	生产厂家
电热恒温培养箱	DRP-9082	上海森信实验仪器有限公司
电导率计	IMP-1000	中国泰恩发动机创新仪器公司
旋转蒸发器	RE-5298	上海亚荣生化仪器厂
可见分光光度计	722	上海精密仪器有限公司
原子力显微镜	JSPM-5200	日本 JEOL 公司
流氏细胞仪	EPICS-XL	美国 BD 公司
恒温振荡培养箱	HZQ-F160	哈尔滨市东联电子技术开发有限公司

4.6.2 实验方法

4.6.2.1 金黄色葡萄球菌及其培养

在无菌条件下取金黄色葡萄球菌 CICC 21600 斜面保藏菌种 1~2 环，接种于 50mL 营养肉汤液体培养基中，37℃，120r/min 培养 14~16h。

4.6.2.2 格氏乳球菌培养

将格氏乳球菌斜面菌种 1~2 环，在无菌条件下接种至 MRS 液体培养基中，30℃静置培养24h。

4.6.2.3 格氏乳球菌素的制备

将500mL的 *Lactococcus garvieae* LG34 培养液 6000r/min 离心 10min，弃去菌体，将上清液在 80℃ 水浴锅灭菌 15min，旋转蒸发仪 60℃ 浓缩至50mL。冷却后添加 3 倍体积的冰箱中预先冷却至 4℃ 的无水乙醇，4℃冰箱放置过夜，离心收集上清液，旋转蒸发仪 60℃ 浓缩至 40mL。将醇沉浓缩液以去离子水为洗脱液采用 Sephadex G50 柱层析进行分部洗脱收集，测定各管对金黄色葡萄球菌的抗菌活性，将有抗菌活性的洗脱液收集，真空冷冻干燥。将冻干粉用无菌去离子水溶解至浓度 100mg/mL，采用 SP 琼脂糖快速阳离子交换层析进行分离纯化，在用醋酸缓冲液（20mmol/L，pH 4.0）平衡后，装入样品，用含氯化钠（1mol/L）的 Tris-HCl 缓冲液（50mmol/L，pH7.0）以流速为 2mL/min 进行洗脱。将有抗菌活性的洗脱液收集，真空冷冻干燥。

4.6.2.4 格氏乳球菌素 LG34 对细胞生长的影响

将过夜培养的金黄色葡萄球菌菌悬液用无菌生理盐水调整至 10^8CFU/mL，按照 1% 的接种量接种至无菌营养肉汤液体培养基中培养。培养 2h 后，在细菌悬浮液中加入纯化的格氏乳球菌素 LG34，使细菌素终浓度为160AU/mL。以不添加格氏乳球菌素 LG34 的细胞悬浮液作为空白对照，每隔 30min 采用平板菌落计数法测定活细胞数。取 1mL 系列 10 倍梯度稀释的菌悬液添加到无菌平皿中，加入冷却到 45~50℃ 的营养肉汤固体培养基，快速混匀，37℃ 倒置培养24h，活细胞数为菌落数乘以稀释倍数。

4.6.2.5 格氏乳球菌素 LG34 对细胞钾离子渗漏的影响

过夜培养的金黄色葡萄球菌菌悬液，4℃，10000g 条件下离心，弃上清液，收集菌体，将菌体细胞悬浮在 10mL 的 2.5mmol/L、pH 7.0 的HEPES钠盐溶液中至 10^8CFU/mL，补加 100mmol/L 的葡萄糖和终浓度160AU/mL 的格氏乳球菌素 LG34。每间隔 20min 取样 1mL 在冰浴中冷却。0℃，10000g 离心 15min，收集上清液用于测定胞外钾离子浓度。收集的细胞被悬浮在 1mL 5% 的三氟乙酸溶液中，在 -18℃ 冷冻 12h。解冻后，在 95℃ 下孵育 10min，加入 4mL 脱盐水，10000g 离心 10min。最后用上清液测定细胞内钾离子浓度。

4.6.2.6　格氏乳球菌素 LG34 对胞外电导率的影响

取 1mL 金黄色葡萄球菌 CICC 21600 过夜培养物，4℃，10000g 离心 10min，收集细胞，用无菌水将细胞清洗 3 次，重新悬浮到 10mL 无菌水中，细胞浓度约 10^8 个/mL。然后添加格氏乳球菌素 LG34（最终抗菌活性为 160AU/mL）处理细胞，并在 36℃ 下培养。以添加无菌水的悬浮液作为对照。每隔 20min 测量无细胞上清液的电导率值。

4.6.2.7　格氏乳球菌素 LG34 对紫外吸收物质渗漏的影响

将金黄色葡萄球菌过夜培养物，6000g 离心 15min，收集菌体，细胞用无菌水洗涤两次，并重新悬浮在无菌水中，制成细胞悬浮液。添加格氏乳球菌素 LG34（160AU/mL）处理，用 0.22μm 的微孔滤膜过滤后，采用紫外可见分光光度计在 260nm 和 280nm 处测定无细胞上清液的吸光度，以用蒸馏水处理的样品作为空白对照。用处理一段时间后的上清液吸光度与初始吸光度的差值（ΔOD）来表示紫外吸收物质的渗漏。

4.6.2.8　格氏乳球菌素 LG34 对 $\Delta\psi$ 的影响

采用 3，3-二丙基-二碳菁碘化物［$DISC_3$（5）］作为检测转膜电势的荧光探针。离心收集金黄色葡萄球菌细胞，用磷酸盐-4-羟乙基哌嗪乙磺酸缓冲溶液（0.0025mol/L，pH 7.0）清洗，重新悬浮在相同的缓冲溶液中并添加 0.1mol/L 的葡萄糖。在细胞悬浮液中添加 0.4μmol/L 的 $DISC_3$（5）混合后，分别添加 0.1μmol/L 尼日利亚菌素、1μmol/L 缬氨霉素和终浓度 160AU/mL 的格氏乳球菌素 LG34 来测定细胞电势的变化。以不添加任何物质的细胞悬浮液作为空白对照，采用荧光分光光度计来测定荧光值，激发波长和发射波长分别设定为 622nm 和 670nm。

4.6.2.9　格氏乳球菌素 LG34 对细胞通透性的影响

处于对数期的 10mL OD_{600} 为 0.8~1.0 的金黄色葡萄球菌，6000g 离心 15min 收集菌体，用 pH6.5 无菌磷酸缓冲溶液清洗 2 次。用终浓度 160AU/mL

格氏乳球菌素 LG34 在 37℃ 处理金黄色葡萄球菌 30min 和 60min 后，6000g 离心 15min 收集菌体。以菌体悬浮在不含细菌素的纯净水中作为空白对照，以碘化丙啶（PI）为染色剂，用流式细胞仪分析试验样与对照样品的 PI 荧光强度。

4.6.2.10　格氏乳球菌素 LG34 对细胞表面电荷的影响

将培养至对数生长期后期的待测菌液离心，无菌超纯水洗涤两次，重新悬浮在无菌超纯水中，加入格氏乳球菌素 LG34，混匀，37℃ 培养 1h，用 1mmol/L KNO_3（pH6.2）溶液清洗两次，重新悬浮在相同的溶液中并稀释至 10^7CFU/mL，在室温下用电泳仪测量细菌电泳运动率（EM，单位 $10^{-8}m^2 \cdot V^{-1} \cdot s^{-1}$）作为细菌细胞表面电荷指标，电场电压 100V。

4.6.2.11　格氏乳球菌素 LG34 对细菌素对细胞表面疏水性的影响

十六烷是疏水性溶液，对细菌的吸附率的改变体现了细菌表面疏水性的变化。将培养至对数生长期后期的待测菌液离心，无菌生理盐水洗涤两次，重新悬浮在 0.1mmol KNO_3（pH 6.2）的溶液中并稀释至 10^7CFU/mL，加入格氏乳球菌素 LG34，以生理盐水作为阴性对照，37℃ 培养 15min，取菌液在 600nm 处测定 OD 值（OD_0）；再将 1.2mL 菌液加入 0.2mL 十六烷中，在旋涡器上混匀，室温下放置 10min，使两相完全分离，15min 后移取水相，在 600nm 处测定 OD 值（OD_1）。细菌吸附率＝（$1 - OD_1/OD_0$）×100%。

4.6.3　结果与分析

4.6.3.1　格氏乳球菌素 LG34 对细胞生长的影响

格氏乳球菌素 LG34 对金黄色葡萄球菌生长的影响如图 4-20 所示，未添加格氏乳球菌素 LG34 的金黄色葡萄球菌的活细胞数在 180min 内缓慢上升，而添加了 160AU/mL 格氏乳球菌素 LG34 的菌体不仅生长受到抑制，而且对细胞有杀灭作用。在 60min 后，金黄色葡萄球菌细胞数从 5.8log CFU/mL 下降至 2.8log CFU/mL。在 150min 后，几乎没有活菌存在。

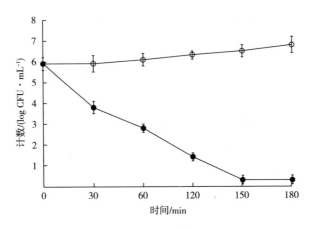

图 4-20　格氏乳球菌素对金黄色葡萄球菌生长的影响

（○：未添加 garviecin LG34；●：添加 garviecin LG34）

4.6.3.2　格氏乳球菌素 LG34 对细胞钾离子渗漏的影响

格氏乳球菌素 LG34 对金黄色葡萄球菌胞内及胞外钾离子浓度的影响如图 4-21 所示。添加格氏乳球菌素 LG34 后，金黄色葡萄球菌细胞外钾离子浓度提高，而没有添加格氏乳球菌素 LG34 的样品没有发生这种变化。格氏乳球菌素 LG34 作用 60min 后，金黄色葡萄球菌细胞内钾离子浓度从 6.3mg/L 降低到 1.8mg/L，细胞外钾离子浓度从 0.6mg/L 明显增加到 5.1mg/L。

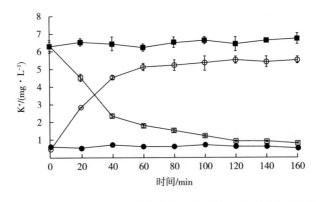

图 4-21　格氏乳球菌素对金黄色葡萄球菌胞外和胞内钾离子的影响

（□：用格氏乳球菌处理后的胞内 K^+ 浓度；■：未用格氏乳球菌处理的胞内 K^+ 浓度；

○：用格氏乳球菌处理后的胞外 K^+ 浓度；●：未用格氏乳球菌处理的胞外 K^+ 浓度）

4.6.3.3　格氏乳球菌素 LG34 对胞外电导率的影响

格氏乳球菌素 LG34 对金黄色葡萄球菌胞外电导率的影响如图 4-22 所示。与未添加格氏乳球菌素 LG34 的空白对照组相比，格氏乳球菌素 LG34 处理导致金黄色葡萄球菌胞外电导率显著增加。金黄色葡萄球菌经格氏乳球菌素 LG34 处理 20min 后的胞外电导率增加到 274μs/cm。而没有添加格氏乳球菌素 LG34 的菌体细胞胞外电导率仅为 120μs/cm。

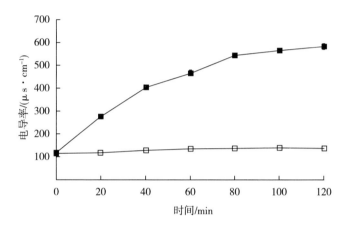

图 4-22　格氏乳球菌素对金黄色葡萄球菌胞外电导率的影响

（□：未用格氏乳球菌素处理的胞外电导率；■：用格氏乳球菌素处理后的胞外电导率）

4.6.3.4　格氏乳球菌素 LG34 对紫外吸收物质渗漏的影响

格氏乳球菌素 LG34 对金黄色葡萄球菌胞外 260nm 和 280nm 紫外吸收物质的影响如图 4-23 和图 4-24 所示。用格氏乳球菌素 LG34 处理金黄色葡萄球菌，导致细胞外紫外线吸收物质的增加。用格氏乳球菌素 LG34 处理 40min，金黄色葡萄球菌在 260nm 处的 ΔOD 值增加到 0.38，然而，对照样品在 260nm 处的 ΔOD 值仅增加到 0.04。用格氏乳球菌素 LG34 处理 40min 后，金黄色葡萄球菌在 280nm 处的 ΔOD 值增加到 0.46，然而，对照样品在 280nm 处的 ΔOD 值仅增加到 0.05。

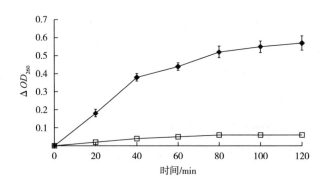

图 4-23　格氏乳球菌素对金黄色葡萄球菌 260nm 紫外吸收物质的影响

（□：未用格氏乳球菌素处理的金黄色葡萄球菌；■：用格氏乳球菌素处理后的金黄色葡萄球菌）

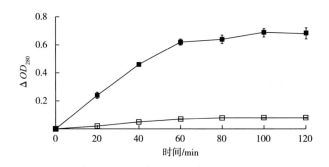

图 4-24　格氏乳球菌素对金黄色葡萄球菌 280nm 紫外吸收物质的影响

（□：未用格氏乳球菌素处理的金黄色葡萄球菌；■：用格氏乳球菌素处理后的金黄色葡萄球菌）

4.6.3.5　格氏乳球菌素 LG34 对 $\Delta\psi$ 的影响

格氏乳球菌素 LG34 对金黄色葡萄球菌 $\Delta\psi$ 的影响如图 4-25 所示。添加格氏乳球菌素 LG34 导致金黄色葡萄球菌的 $\Delta\psi$ 几乎完全耗散。金黄色葡萄球菌细胞悬浮液经格氏乳球菌素 LG34 处理 10min 后，荧光强度增加，最终稳定在与添加 valinomycin 的样品几乎相同的水平。在添加 nigericin 时，细胞的荧光强度一直处于稳定的较低水平。

4.6.3.6　格氏乳球菌素 LG34 对细胞通透性的影响

格氏乳球菌素 LG34 对金黄色葡萄球菌的平均通道荧光强度的影响见表 4-23。

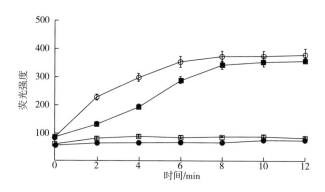

图 4-25 格氏乳球菌素对金黄色葡萄球菌 $\Delta\psi$ 的影响

（□：未用格氏乳球菌素处理的样品；■：用格氏乳球菌素处理后的样品；○：添加 valinomy-cin 的样品；●：添加 nigericin 的样品）

表 4-23 格氏乳球菌素 LG34 对金黄色葡萄球菌的平均通道荧光强度的影响

作用时间/min	平均通道荧光强度
0	4.18
20	5.83
40	7.24

平均通道荧光强度（MFI）荧光通道的平均数量，用于估计细胞膜的损伤。平均通道荧光强度越大，说明进入细胞的 PI 越多，与遗传物质结合的荧光强度越大，细胞通透性越好。添加格氏乳球菌素 LG34 作用 20min 和 40min 后，金黄色葡萄球菌细胞的平均通道荧光强度从最初的 4.18 增加到 5.83 和 7.24。因此，添加格氏乳球菌素 LG34 导致了金黄色葡萄球菌细胞通透性的增大。

4.6.3.7　格氏乳球菌素 LG34 对细胞表面电荷的影响

格氏乳球菌素 LG34 对金黄色葡萄球菌细胞表面电荷的影响见表 4-24。从表 4-24 可以看出，格氏乳球菌素 LG34 作用金黄色葡萄球菌后，细菌表面电负性增强，电负性由对照样品的-1.834 电负性增加到-2.612。

表 4-24 格氏乳球菌素 LG34 对细胞表面电荷的影响

样品	电负性
对照样品	-1.834
格氏乳球菌素作用 60min	-2.612

4.6.3.8 格氏乳球菌素 LG34 对细胞表面疏水性的影响

格氏乳球菌素对金黄色葡萄球菌表面疏水性的影响见表4-25。当金黄色葡萄球菌被格氏乳球菌素 LG34 作用后，细胞表面的疏水性显著下降，导致细胞表面的黏附作用增强。

表 4-25　格氏乳球菌素 LG34 对细胞表面疏水性的影响

样品	疏水性/%
对照样品	22.43
格氏乳球菌素作用 60min	18.26

4.6.4　结论

①添加 160AU/mL 格氏乳球菌素 LG34 不仅抑制了金黄色葡萄球菌的生长，而且对细胞有杀灭作用，在 150min 后，几乎没有活菌存在。

②添加格氏乳球菌素 LG34 导致金黄色葡萄球菌细胞外钾离子浓度提高，细胞内钾离子浓度的下降，导致金黄色葡萄球菌胞外电导率显著增加，导致细胞外 260nm 和 280nm 处紫外线吸收物质的增加及荧光强度增加。

③添加格氏乳球菌素 LG34 导致金黄色葡萄球菌细胞的平均通道荧光强度显著增大。

④格氏乳球菌素 LG34 作用金黄色葡萄球菌后，导致其细菌表面电负性增强和细胞表面的疏水性的显著下降。

4.7　Garviecin LG34 对革兰氏阴性
细菌抗菌机理的研究

4.7.1　材料

4.7.1.1　指示菌

鼠伤寒沙门氏菌 CICC21484：巢湖学院微生物实验室保藏。

4.7.1.2 培养基

格氏乳球菌：采用 MRS 培养基。

鼠伤寒沙门氏菌：采用营养肉汤培养基。

4.7.1.3 主要仪器与设备

实验使用的主要仪器设备见表4-26。

表4-26 主要仪器与设备

仪器名称	型号	生产厂家
电热恒温培养箱	DRP-9082	上海森信实验仪器有限公司
电导率计	IMP-1000	中国泰恩发动机创新仪器公司
旋转蒸发器	RE-5298	上海亚荣生化仪器厂
可见分光光度计	722	上海精密仪器有限公司
原子力显微镜	JSPM-5200	日本 JEOL 公司
流氏细胞仪	EPICS-XL	美国 BD 公司
恒温振荡培养箱	HZQ-F160	哈尔滨市东联电子技术开发有限公司

4.7.2 实验方法

4.7.2.1 鼠伤寒沙门氏菌及其培养

在无菌条件下刮取 1~2 环取鼠伤寒沙门氏菌斜面保藏菌种接种于 50mL 营养肉汤液体培养基中，37℃，120r/min 培养 16h。

4.7.2.2 格氏乳球菌培养及其细菌素的制备

在无菌条件下刮取 1~2 环刮取格氏乳球菌 LG34 斜面菌种 1~2 环，接种至 MRS 液体培养基中，30℃静置培养 24h。将 500mL 的格氏乳球菌 LG34 培养液 6000r/min 离心 10min，弃去菌体，将上清液在 80℃ 水浴锅灭菌 15min，旋转蒸发仪 60℃浓缩至 50mL。冷却后添加 3 倍体积的冰箱中预先冷却至 4℃ 的无水乙醇，4℃ 冰箱放置过夜，离心收集上清液，旋转蒸发仪 60℃浓缩至 40mL。将醇沉浓缩液以去离子水为洗脱液采用 Sephadex G50 柱层析进行分部洗脱收集，测定各管对鼠伤寒沙门氏菌的抗菌活性，将有抗菌活性的洗脱液收集，真空冷冻干燥。将冻干粉用无菌去离子水溶解至浓度 100mg/mL，采用 SP 琼脂糖快速阳离子交换层析进行分离纯化，在用醋酸缓冲液（20mmol/L，pH 4.0）平衡后，装入样品，用含氯化钠（1mol/L）的 Tris-HCl 缓冲液（50mmol/L，pH 7.0）以流速为 2mL/min 进行洗脱。将有抗菌活性的洗脱液收集，真空冷冻干燥。

4.7.2.3 格氏乳球菌素 LG34 对鼠伤寒沙门氏菌细胞生长的影响

将过夜培养的鼠伤寒沙门氏菌菌悬液用无菌生理盐水调整至 10^8 CFU/mL，按照 1% 的接种量接种至营养肉汤液体培养基中，培养 2h 后，在鼠伤寒沙门氏菌菌细菌悬浮液中加入格氏乳球菌素 LG34（终浓度为 640AU/mL）。以不添加格氏乳球菌素 LG34 的鼠伤寒沙门氏菌细胞悬浮液作为空白对照，每隔 30min 采用平板菌落计数法测定活细胞数。

4.7.2.4 格氏乳球菌素 LG34 对鼠伤寒沙门氏菌细胞钾离子渗漏的影响

将过夜培养的鼠伤寒沙门氏菌菌悬液，4℃，8000g 条件下离心，弃上清液，收集菌体，将菌体细胞悬浮在 10mL、2.5mmol/L、pH 7.0 的 HEPES 钠盐溶液中至 10^8 CFU/mL，补加 100mmol/L 的葡萄糖和终浓度 640AU/mL 的格氏乳球菌素 LG34。每隔 20min 取样 1mL 在冰浴中冷却。0℃，10000g 离心 15min，收集上清液测定胞外钾离子浓度。收集的细胞被悬浮在 1mL、5% 的三氟乙酸溶液中，在 -18℃ 冷冻 12h。解冻后，在 95℃ 下孵育 10min，加入 4mL 脱盐水，10000g 离心 10min。最后用上清液测定细胞内钾离子浓度。

4.7.2.5 格氏乳球菌素 LG34 对鼠伤寒沙门氏菌胞外电导率的影响

取 1mL 鼠伤寒沙门氏菌的过夜培养物，4℃，10000g 离心 10min，收集细胞，用无菌水将鼠伤寒沙门氏菌细胞清洗 3 次，重新悬浮到 10mL 无菌水中，细胞浓度约 10^8 CFU/mL。然后添加格氏乳球菌素 LG34（终浓度为 640AU/mL）处理细胞，并在 36℃ 下培养。以添加无菌水的悬浮液作为对照。用电导率计每隔 20min 测量无细胞上清液的电导率值。

4.7.2.6 格氏乳球菌素 LG34 对鼠伤寒沙门氏菌紫外吸收物质渗漏的影响

将鼠伤寒沙门氏菌的过夜培养物，在 6000g 离心 15min，收集菌体，细胞用无菌水洗涤两次，并重新悬浮在无菌水中，制成细胞悬浮液。添加格氏乳球菌素 LG34（640AU/mL）处理，用 0.22μm 的微孔滤膜过滤后，采用紫外可见分光光度计在 260nm 和 280nm 处测定无细胞上清液的吸光度，以用蒸馏水处理的样品作为空白对照。用处理一段时间后的上清液吸光度与初始吸光度的差值（ΔOD）来表示紫外吸收物质的渗漏。

4.7.2.7　格氏乳球菌素 LG34 对鼠伤寒沙门氏菌 $\Delta \psi$ 的影响

采用 3,3-二丙基-二碳菁碘化物［$DISC_3$（5）］作为检测转膜电势的荧光探针。离心收集鼠伤寒沙门氏菌的细胞，用磷酸盐-4-羟乙基哌嗪乙磺酸缓冲溶液（0.0025mol/L，pH 7.0）清洗，重新悬浮在相同的缓冲溶液中并添加 0.1mol/L 的葡萄糖。在细胞悬浮液中添加 0.4μmol/L 的 $DISC_3$（5）混合后，分别添加 0.1μmol/L 尼日利亚菌素、1μmol/L 缬氨霉素和终浓度 640AU/mL 的格氏乳球菌素 LG34 来测定细胞电势的变化。以不添加任何物质的细胞悬浮液作为空白对照，采用荧光分光光度计来测定荧光值，激发波长和发射波长分别为 622nm 和 670nm。

4.7.2.8　格氏乳球菌素 LG34 对鼠伤寒沙门氏菌细胞通透性的影响

处于对数期的 10mL OD_{600} 为 0.8～1.0 的伤寒沙门氏菌，6000g 离心 15min 收集菌体，用 pH6.5 无菌磷酸缓冲溶液清洗两次。终浓度 640AU/mL 格氏乳球菌素 LG34 在 37℃ 处理金黄色葡萄球菌 30min 和 60min 后，6000g 离心 15min 收集菌体。以菌体悬浮在不含细菌素的纯净水中作为空白对照，以碘化丙啶（PI）为染色剂，用流式细胞仪分析试验样与对照样品的 PI 荧光强度。

4.7.2.9　格氏乳球菌素 LG34 对鼠伤寒沙门氏菌细胞表面电荷的影响

将培养至对数生长期后期的鼠伤寒沙门氏菌细胞悬浮液离心，无菌超纯水洗涤两次，重新悬浮在无菌超纯水中，加入格氏乳球菌素 LG34，混匀，37℃培养 1h，用 1mmol/L KNO_3（pH 6.2）溶液清洗两次，重新悬浮在相同的溶液中并稀释至 10^7CFU/mL，在室温下用电泳仪测量细菌电泳运动率（EM，单位 $10^{-8}m^2 \cdot V^{-1} \cdot s^{-1}$），作为细菌细胞表面电荷指标，电场电压 100V。

4.7.2.10　格氏乳球菌素 LG34 对鼠伤寒沙门氏菌细胞表面疏水性的影响

将培养至对数生长期后期的鼠伤寒沙门氏菌细胞悬浮液离心，无菌生理盐水洗涤两次，重新悬浮在 0.1mmol KNO_3（pH 6.2）的溶液中并稀释至 10^7 CFU/mL，加入格氏乳球菌素 LG34，以生理盐水作为阴性对照，37℃培养 15min，取菌液在 600nm 处测定 OD 值（OD_0）；再将 1.2mL 菌液加入 0.2mL 十六烷中，在旋涡器上混匀，室温下放置 10min，使两相完全分离，15min 后移取水相，在 600nm 处测定 OD 值（OD_1）。细菌吸附率 ＝（$1-OD_1/OD_0$）×100%。

4.7.3　结果与分析

4.7.3.1　格氏乳球菌素 LG34 对鼠伤寒沙门氏菌细胞生长的影响

格氏乳球菌素 LG34 对鼠伤寒沙门氏菌生长的影响如图 4-26 所示，未添加格氏乳球菌素 LG34 的鼠伤寒沙门氏菌的活细胞数在 180min 内缓慢上升，而添加了 640AU/mL 格氏乳球菌素 LG34 对菌体不仅有抑制作用，而且有杀灭作用。在 60min 后，鼠伤寒沙门氏菌的活细胞数的对数值从 5.7log CFU/mL 下降至 2.4log CFU/mL。在 120min 后，几乎没有活菌存在。

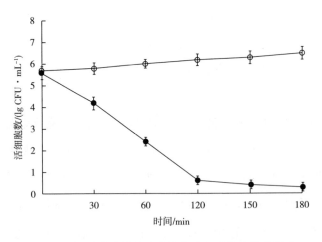

图 4-26　格氏乳球菌素对鼠伤寒沙门氏菌生长的影响

（○：未添加 garviecin LG34 的鼠伤寒沙门氏菌；●：添加 garviecin LG34 的鼠伤寒沙门氏菌）

4.7.3.2　格氏乳球菌素 LG34 对鼠伤寒沙门氏菌细胞钾离子渗漏的影响

格氏乳球菌素 LG34 对鼠伤寒沙门氏菌胞内及胞外钾离子浓度的影响如图 4-27 所示。添加格氏乳球菌素 LG34 后，鼠伤寒沙门氏菌细胞外钾离子浓度显著降低，而未添加格氏乳球菌素 LG34 的空白样品，鼠伤寒沙门氏菌胞外钾离子浓度无显著下降。格氏乳球菌素 LG34 作用 60min 后，鼠伤寒沙门氏菌细胞内钾离子浓度从 6.0mg/L 降低到 1.5mg/L，细胞外钾离子浓度从 0.7mg/L 明显增加到 4.8mg/L。

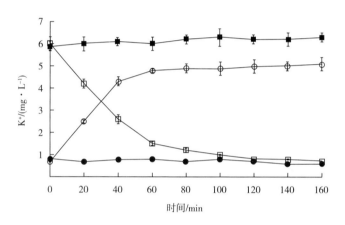

图 4-27　格氏乳球菌素对鼠伤寒沙门氏菌胞外和胞内钾离子的影响

（□：用格氏乳球菌素处理后的胞内 K$^+$ 浓度；■：未用格氏乳球菌素处理的胞内 K$^+$ 浓度；
○：用格氏乳球菌素处理后的胞外 K$^+$ 浓度；●：未用格氏乳球菌素处理的胞外 K$^+$ 浓度）

4.7.3.3　格氏乳球菌素 LG34 对鼠伤寒沙门氏菌胞外电导率的影响

格氏乳球菌素 LG34 对鼠伤寒沙门氏菌胞外电导率的影响如图 4-28 所示。与未添加格氏乳球菌素 LG34 的空白对照组相比，格氏乳球菌素 LG34 处理导致鼠伤寒沙门氏菌胞外电导率显著增加。鼠伤寒沙门氏菌经格氏乳球菌素 LG34 处理 60min 后的胞外电导率从 102μs/cm 提高到 402μs/cm。而没有添加格氏乳球菌素 LG34 的鼠伤寒沙门氏菌细胞胞外电导率仅为 106μs/cm。

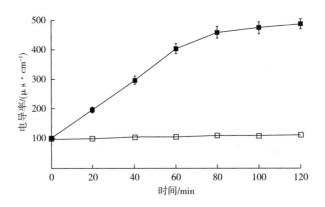

图 4-28　格氏乳球菌素对鼠伤寒沙门氏菌胞外电导率的影响

（□：未用格氏乳球菌素处理的胞外电导率；■：用格氏乳球菌素处理后的胞外电导率）

4.7.3.4　格氏乳球菌素 LG34 对鼠伤寒沙门氏菌紫外吸收物质渗漏的影响

格氏乳球菌素 LG34 对鼠伤寒沙门氏菌胞外 260nm 和 280nm 紫外吸收物质的影响如图 4-29 和图 4-30 所示。用格氏乳球菌素 LG34 处理鼠伤寒沙门氏菌，导致细胞外紫外线吸收物质的增加。用格氏乳球菌素 LG34 处理 40min，鼠伤寒沙门氏菌在 260nm 处的 ΔOD 值增加到 0.29。然而，对照样品在 260nm 处的 ΔOD 值仅增加到 0.03。用格氏乳球菌素 LG34 处理 40min 后，鼠伤寒沙门氏菌在 280nm 处的 ΔOD 值增加到 0.42。然而，对照样品在 280nm 处的 ΔOD 值仅增加到 0.06。

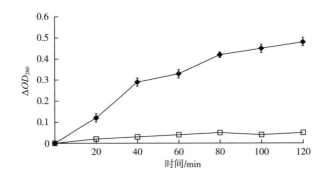

图 4-29　格氏乳球菌素对鼠伤寒沙门氏菌 260nm 紫外吸收物质的影响

（□：未用格氏乳球菌素处理的鼠伤寒沙门氏菌；■：用格氏乳球菌素处理后的鼠伤寒沙门氏菌）

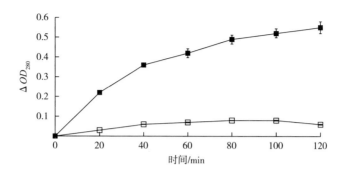

图4-30　格氏乳球菌素对鼠伤寒沙门氏菌280nm紫外吸收物质的影响

（□：未用格氏乳球菌素处理的鼠伤寒沙门氏菌；■：用格氏乳球菌素处理后的鼠伤寒沙门氏菌）

4.7.3.5　格氏乳球菌素 LG34 对鼠伤寒沙门氏菌 $\Delta\psi$ 的影响

格氏乳球菌素 LG34 对鼠伤寒沙门氏菌 $\Delta\psi$ 的影响如图 4-31 所示。添加格氏乳球菌素 LG34 导致鼠伤寒沙门氏菌的 $\Delta\psi$ 几乎完全耗散。鼠伤寒沙门氏菌细胞悬浮液经格氏乳球菌素 LG34 处理 10min 后，荧光强度增加，最终稳定在与添加 valinomycin 的样品几乎相同的水平。在添加 nigericin 时，细胞的荧光强度一直处于稳定的较低水平。

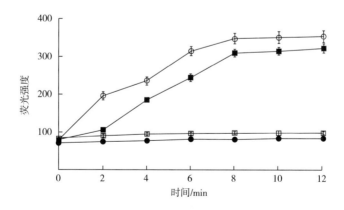

图4-31　格氏乳球菌素对鼠伤寒沙门氏菌 $\Delta\psi$ 的影响

（□：未用格氏乳球菌素处理的样品；■：用格氏乳球菌素处理后的样品；○：添加 valino-mycin 的样品；●：添加 nigericin 的样品）

4.7.3.6 格氏乳球菌素 LG34 对鼠伤寒沙门氏菌细胞通透性的影响

格氏乳球菌素 LG34 对鼠伤寒沙门氏菌的平均通道荧光强度的影响见表 4-27。

表 4-27　格氏乳球菌素 LG34 对鼠伤寒沙门氏菌的平均通道荧光强度的影响

作用时间/min	平均通道荧光强度
0	3.16
20	4.95
40	8.43

平均通道荧光强度（MFI）荧光通道的平均数量，用于估计细胞膜的损伤。平均通道荧光强度越大，说明进入细胞的 PI 越多，与遗传物质结合的荧光强度越大，细胞通透性越好，添加格氏乳球菌素 LG34 作用 20min 和 40min 后，鼠伤寒沙门氏菌细胞的平均通道荧光强度从最初的 3.16 增加到 4.95 和 8.43。因此，添加格氏乳球菌素 LG34 导致了鼠伤寒沙门氏菌细胞通透性的增大。

4.7.3.7 格氏乳球菌素 LG34 对鼠伤寒沙门氏菌细胞表面电荷的影响

格氏乳球菌素 LG34 对鼠伤寒沙门氏菌细胞表面电荷的影响见表 4-28。从表 4-28 可以看出，格氏乳球菌素 LG34 作用鼠伤寒沙门氏菌后，细菌表面电负性增强，电负性由对照样品的-1.361 电负性增加到-2.276。

表 4-28　格氏乳球菌素 LG34 对鼠伤寒沙门氏菌细胞表面电荷的影响

样品	电负性
对照样品	-1.361
格氏乳球菌素作用 60min	-2.276

4.7.3.8 格氏乳球菌素 LG34 对鼠伤寒沙门氏菌细胞表面疏水性的影响

格氏乳球菌素对鼠伤寒沙门氏菌表面疏水性的影响见表 4-29。当格氏乳球菌素 LG34 作用鼠伤寒沙门氏菌后，细胞表面的疏水性显著下降，导致细胞表面的黏附作用增强。

表 4-29　格氏乳球菌素 LG34 对鼠伤寒沙门氏菌细胞表面疏水性的影响

样品	疏水性/%
对照样品	28.65
格氏乳球菌素作用 60min	19.83

4.7.4　结论

①添加 640AU/mL 格氏乳球菌素 LG34 不仅抑制了鼠伤寒沙门氏菌的生长，而且对细胞有杀灭作用。

②添加格氏乳球菌素 LG34，导致鼠伤寒沙门氏菌细胞外钾离子浓度提高，细胞内钾离子浓度的下降；胞外电导率显著增加；细胞外 260nm 和 280nm 处紫外线吸收物质的增加及荧光强度增加。添加格氏乳球菌素 LG34 导致鼠伤寒沙门氏菌细胞的平均通道荧光强度显著增大。

③格氏乳球菌素 LG34 作用鼠伤寒沙门氏菌后，导致其细菌表面电负性增强和细胞表面的疏水性的显著下降。

参考文献

［1］ 李萍，龙春昊，赵轩，等．Ⅱ类细菌素的生物合成及其在食品领域的
    应用［J］．中国食品学报，2021，21（10）：269-281.

［2］ Kumariy A R, Garsa A K, Rajput Y S, et al. Bacteriocins：Classification,
    synthesis, mechanism of action and resistance development in food spoilage
    causing bacteria［J］. Microbial Pathogenesis, 2019, 128：171-177.

［3］ 黄可榆，谢彩锋，杭方学，等．乳酸链球菌素抗菌活性的改善及在食
    品保鲜中的研究进展［J］．中国食品添加剂，2021（12）：208-213.

［4］ 王利君，郦萍，付碧石，等．乳酸菌细菌素抗菌作用机制研究进展
    ［J］．食品科技，2020，45（1）：36-42.

［5］ 崔磊，郭伟国．乳酸菌产生的抑菌物质及其作用机制［J］．食品安全
    质量检测学报，2018，9（11）：2578-2584.

［6］ 刘国荣，郜亚昆，王欣，等．双歧杆菌细菌素 Bifidocin A 对金黄色葡
    萄球菌的抑菌作用及其机制［J］．食品科学，2017，38（17）：1-7.

［7］ Wang Y, Shang N, Qin Y, et al. The complete genome sequence of *Lacto-
    bacillus plantarum* LPL-1, a novel antibacterial probiotic producing class
    IIa bacteriocin［J］. Journal of Biotechnology, 2018, 266：84-88.

［8］ Joerger M C, Klaenhammer T R. Cloning, expression, and nucleotide se-
    quence of the *Lactobacillus helveticus* 481 encoding the bacteriocin helveticin
    J［J］. Journal of Bacteriology, 1990, 172：6339-6347.

［9］ Jamuna M, eevaratnam K. Isolation and partial characterization of bacterio-
    cins from Pediococcus species［J］. Appl Microbiol Biotechnol, 2004, 65：
    433-439.

［10］ Rodriguez J M, Martinez M I, Kok J. Pediocin PA-1, a wide-spectrum bacteriocin from lactic acid bacteria ［J］. Critical Review in Food and Nutrition, 2002, 42（2）: 91-121.

［11］ 周志江, 韩烨, 韩雪, 等. 从酸白菜中分离一株产细菌素的乳酸片球菌 ［J］. 食品科学, 2006（27）: 89-92.

［12］ Biswas S R, Ray P, Johnson M C, et al. Influence of growth conditions on the production of a bacteriocin, pediocin AcH, by *Pediococcus acidilactici* H ［J］. Applied and Environmental Microbiology, 1991, 57: 1265-1267.

［13］ 丁成为, 周志江, 韩烨, 等. 产片球菌素的乳酸片球菌培养条件的优化 ［J］. 食品工业科技, 2007, 10: 66-69.

［14］ Stevens K A, Sheldon B W, Klapes A. Bacteriocin production by lactic acid bacteria potential of use in meat preservation ［J］. Food Port, 1992, 55: 763-766.

［15］ 韩雪. 乳酸片球菌细菌素的分离纯化及特性研究 ［D］. 长春: 吉林大学, 2006: 7-8.

［16］ Todorov S, Onno B, Sorokine O, et al. Detection and characterization of a novel antibacterial substance produced by *Lactobacillus plantarum* ST 31 isolated from sourdough ［J］. International journal of food microbiology, 1999, 48: 167-177.

［17］ Bárcena B, Manuel J, Faustino S, et al. Production of pantaricin C by *actobacillus plantarum* LL441 ［J］. Applied and Environmental Microbiology, 1998, 64（9）: 3512-3514.

［18］ 李平兰, 张篪, 江汉湖. 产细菌素植物乳杆菌菌株的筛选及其细菌素生物学特征研究 ［J］. 食品与发酵工业, 1999（1）: 1-4.

［19］ 陆洲, 戴意强, Rasheed H A, 等. 植物乳杆菌 D1501 发酵黄浆水的抑菌活性及其中细菌素的分离与鉴定 ［J］. 食品科学, 2020, 41（24）: 117-124.

［20］ Christina I, Mortvedt C, Nes I. Plasmid-associated bacteriocin production by a *Lactobacillus sakei* strain [J]. Microbiology, 1990, 136 (8): 1601-1607.

[21] Sobrino O, Rodriguez J, Moreira W, et al. Antibacterial activity of *Lactobacillus sakei* isolated from dry fermented sausages [J]. Int J Food Microbiol, 1991, 13 (1): 1-10.

[22] Vaughan A, Eijsink V G H, O'sullivan T, et al. An analysis of bacteriocins produced by lactic acid bacteria isolated from malted barley [J]. J Appl Microbiol, 2001, 91 (1): 131-138.

[23] Mathiesen G, Huehne K, Kroeckel L, et al. Characterization of a new bacteriocin operon in Sakacin P-producing lactobacillus sakei, showing strong translational coupling between the bacteriocin and immunity genes [J]. Appl Environ Microbiol, 2005, 71 (7): 3565-3574.

[24] Kjos M, Snipen L, Salehian Z, et al. The Abi proteins and their involvement in bacteriocin self-immunity [J]. J Bacteriol, 2010, 192 (8): 2068-2076.

[25] Todorov S D, Meincken M, Dicks L M T. Factors affecting the adsorption of bacteriocins ST194BZ and ST23LD to *Lactobacillus sakei* and *Enterococcus* sp [J]. J Gen Appl Microbiol, 2006, 52: 159-167.

[26] Branen J K, Davidson P M. Enhancement of Nisin, lysozyme and monolaurin antimicrobial activities by ethylene diamine tetra acetic acid and lactoferrin [J]. International Journal of Food Microbiology, 2004, 90: 63-74.

[27] De Vuyst L, Vandamme E J. Influence of the carbon source on nisin production in *Lactococcus lactis* subsp. *lactis* batch fermentations [J]. J Gen Microbiol, 1992, 138: 571-578.

[28] Holck A, Axelsson L, Birkeland S E, et al. Purification and amino acid sequence of sakacin A, a bacteriocin from *Lactobacillus sake* Lb706 [J]. Journal of General Microbiology, 1992, 138: 2715-2720.

[29] Simon L，Fremaux C，Cenatiempo Y，et al. Sakacin G，a new type of antilisterial bacteriocin［J］. Applied and Environmental Microbiology，2002，68：6416-6420.

[30] Tichaczek P S，Nissen-Meyer J，Nes I F，et al. Characterization of the bacteriocins curvacin A from *Lactobacillus curvatus* LTH1174 and sakacin P from *L. sake* LTH673［J］. Systematic and Applied Microbiology，1992，15：460-468.

[31] 贡汉生. 四株乳杆菌产细菌素的研究［D］. 哈尔滨：东北农业大学，2007：66-67.

[32] 庄国宏. 嗜酸乳杆菌细菌素高产菌株的诱变选育及其发酵工艺的初步研究［D］. 扬州：扬州大学，2007：1-2.

[33] 吕燕妮，李平兰，江志杰. 乳酸菌 31-1 菌株产细菌素的初步研究［J］. 中国食品学报，2003 增刊：130-133.

[34] 常峰. 类细菌素的选育及其发酵产物性质的研究［D］. 成都：四川大学，2006：1-2.

[35] 邹鹏. 产细菌素乳酸菌的分离鉴定及培养条件的研究［D］. 哈尔滨：黑龙江大学，2006：8-10.

[36] 李屏，白景华，蔡昭铃，等. 细菌素发酵培养基的优化及动力学初步分析［J］. 生物工程学报，2001，17（2）：187-191.

[37] 张晨曦，贺稚非，李洪军. 乳酸菌细菌素研究进展及其在肉制品防腐保鲜领域的应用［J］. 食品与发酵工业，2017，43（7）：271-276.

[38] 张晓宁，尚一娜，陈境，等. 乳酸菌细菌素的作用机制及在肉制品中的应用［J］. 食品研究与开发，2018，39（11）：192-199.

[39] Park J-M，Shin J-H，Bak D-J，et al. Effect of a Leuconostoc mesenteroides strain as a starter culture isolated from the kimchi［J］. Food Science and Biotechnology，2013，22（6）：1729-1733

[40] Héchard Y，Dérijard B，Letellier F et al. Characterization and purification of mesentericin Y105，an anti-Listeria bacteriocin from Leuconostoc

mesenteroides［J］. Microbiology, 1992, 12（138）：2725-2731.

［41］ Maria A P, Francois K, Anne M R. Multiple bacteriocin production by Leuconostoc mesenteroides TA33a and other Leuconostoc/Weissella strains ［J］. Current Microbiology, 1997, 35（6）：331-335.

［42］ 朱传胜, 高玉荣, 徐国栋. 对单增李斯特菌有抑制作用的乳酸菌的筛选鉴定及其细菌素的研究［J］. 现代食品科技, 2014, 30（5）：87-91.

［43］ Villani F M, Aponte G, Blaiotta G, et al. Detection and characterization of a bacteriocin, garviecin L1-5, produced by *Lactococcus garvieae* isolated from raw cow's milk ［J］. Journal of Applied Microbiology, 2001, 90：430-439.

［44］ Borrero J, Brede D A, Skaugen M, et al. Characterization of garvicin ML, a novel circular bacteriocin produced by *Lactococcus garvieae* DCC43, isolated from Mallard Ducks（Anas platyrhynchos）［J］. Applied and environmental microbiology, 2011, 77：369-373.

［45］ Tosukhowong A, Zendo T, Visessanguan W, et al. Garvieacin Q, a Novel Class Ⅱ Bacteriocin from Lactococcus garvieae BCC 43578 ［J］. Applied and Environmental Microbiology, 2012, 78：1619-1623.

［46］ 崔虎山, 李冬梅, 李艳茹, 等. 抑菌性明串珠菌的筛选及发酵特性研究［J］. 生物技术, 2013（6）：93-96.

［47］ Gao Y, Li D, Liu S, et al. Garviecin LG34, a novel bacteriocin produced by Lactococcus garvieae isolated from traditional Chinese fermented cucumber ［J］. Food control, 2015, 50：896-900.

［48］ Patricia R, Lucía C, María L P, et al. *Leuconostoc mesenteroides* in the brewing process：a controversial role ［J］. Food Control, 2018, 90：415-421.

［49］ 李祎, 吴晓敏, 杜航, 等. 一株肠膜明串珠菌的分离鉴定及其抑菌特性［J］. 微生物学通报, 2021, 48（12）：4776-4788.

［50］ Desjardins P, Meghrous J, Lacroix C. Effect of aeration and dilution rate on nisin Z production during continuous fermentation with free and immo-bilized *Lactococcus lactis* UL719 in supplemented whey permeate [J]. Int Dairy J, 2001, 11: 943-951.

[51] Katla T, Moretro T, Sveen I, et al. Inhibition of *Listeria monocytogenes* in chicken cold cuts by addition of sakacin P and sakacin P-producing *Lactobacillus sakei* [J]. Journal of applied microbiology, 2002, 93 (2): 191-196.

[52] 郝玉兰, 花宝光, 杨剑平, 等. 对凝胶过滤层析实验课的教学改进 [J]. 北京农学院学报, 1999, 14 (4): 93-95.

[53] 杨歌德, 姜玉梅, 周宏博. 凝胶过滤层析分离蛋白质实验中三种过滤介质分离效果的比较 [J]. 哈尔滨医科大学学报, 2002, 36 (3): 242-243.

[54] 庆平徐, 培方, 张汉萍. 离子交换纤维素及其在贵金属分析中的应用 [J]. 1994, 5 (4): 55-58.

[55] 朱厚础. 蛋白质纯化与鉴定实验指南 [M]. 北京: 科学出版社, 2002: 41-42.

[56] 祝立群. 色谱技术在食品安全检测方面的应用 [J]. 现代科学仪器, 2006, 10: 24-26.

[57] 刘望才, 杨京芬, 朱家文, 等. 相制备色谱的研究进展 [J]. 中国医药工业杂志, 2006, 37 (4): 271-274.

[58] 李瑞萍, 黄骏雄. 高效制备液相色谱柱技术的研究进展 [J]. 化学进展, 2004, 16 (2): 273-283.

[59] Yang R, Johnson M C, Ray B. Novel method to extract large amounts of bacteriocins from lactic acid bacteria [J]. Applied and Environmental Microbiology, 1992, 58: 3355-335.

[60] Todorov S, Danie P, Dousset X, et al. Behaviour of *Lactobacillus planta-rum* ST31, bacteriocin producer, in sourdough [J]. Ejeafche, 2003, 2 (5): 586-592.

［61］Bruno Bárcena J M, Siñeriz F D, et al. Chemostat Production of Plantaricin C By *Lactobacillus plantarum* LL441 ［J］. Appl Environ Microbiol. 1998, 64 (9): 3512-3514.

［62］Todorovl S D, Vaz-Velho M, Gibbs P. Comparison of two comparison of two methods for purification of plantaricin ST31, A bacteriocin produced by by *lactobacillus plantarum* ST31 ［J］. Brazilian Journal of Microbiology, 2004, 35: 157-160.

［63］Trnetta V, Rollini M, Limbo S, et al. Influence of temperature and sakacin A concentration on survival of *Listeria innocua* cultures ［J］. Annals of Microbiology, 2008, 58 (4): 633-639.

［64］Eijsink V G H, Skeie M, Middelhoven P H, et al. Comparative studies of class Ⅱa bacteriocins of lactic acid bacteria ［J］. Appl Environ Microbiol, 1998, 64: 3275-3281.

［65］高鹏, 韩金志, 陆兆新, 等. 广谱抗菌乳酸菌的分离鉴定及细菌素的提取和纯化 ［J］. 食品科学, 2016, 37 (11): 160-166.

［66］赵娜, 刘鑫, 石和平, 等. 乳酸菌抗菌物质分类及作用机理 ［J］. 农产品加工, 2015 (5): 58-60.

［67］倪珊珊, 黄丽英. 乳酸链球菌素和乳酸乳球菌在食品工业中的应用 ［J］. 食品工业, 2015, 36 (11): 244-246.

［68］González B, Arca P, Mayo B, et al. Detection, purification, and partial characterization of plantaricin C, a bacteriocin produced by a Lactobacillus plantarum strain of dairy origin ［J］. Appl Environ Microbiol, 1994, 60 (6): 2158-2163.

［69］Urso R, Rantsiou K, Cantoni C, et al. Sequencing and expression analysis of the sakacin P bacteriocin produced by a *Lactobacillus sakei* strain isolated from naturally fermented sausages ［J］. Applied Microbiology and Biotechnology, 2006, 71 (6): 480-485.

［70］李平兰, 张篪, 江汉湖. 植物乳杆菌 G8 菌株产细菌素最佳条件的研

究［J］. 中国乳品工业，1999（3）：5-7。

［71］ 韩雪，周志江，乳酸片球菌细菌素的活性及特性的研究［J］. 食品研究与开发，2006，27（4）：19-21.

［72］ Trinetta V，Rollini M，Manzoni M. Development of a low cost culture medium for sakacin A production by *L. sakei*［J］. Process biochemistry，2008，11：1275-1280.

［73］ Gurban S，Gulahmadov O，Batdorj B，et al. Characterization of bacteriocin-like inhibitory substances（BLIS）from lactic acid bacteria isolated from traditional Azerbaijiani cheeses［J］. Eur Food Res Technol，2006，224：229-235.

［74］ Yanagida F，Chen Y，Onda T et al. Durancin L28-1A，a new bacteriocin from *Enterococcus durans* L28-1，isolated from soil［J］. Lett Appl Microbiol，2005，40：430-435.

［75］ Ghrairi T，Manai1 M J，Berjeaud M，et al. Antilisterial activity of lactic acid bacteria isolated from rigouta，a traditional Tunisian cheese［J］. Journal of Applied Microbiology，2004，97：621-628.

［76］ 韩德强，丁宏标，乔宇. 乳酸链球菌素的分子结构、抗菌活性及基因工程研究［J］. 生物技术通报，2005（5）：35-38.

［77］ 丁燕，杜金华. 乳酸链球菌素（Nisin）的特性及其在啤酒工业中的应用［J］. 酿酒，2002（1）：41-44.

［78］ 姚文俊，杨勇，刘希，等. 微生物源乳酸链球菌素（Nisin）及在食品中应用研究进展［J］. 中国调味品，2023，48（1）：215-220.

［79］ 张益卓，赵长青，赵兴秀，等. 乳酸链球菌素在延长猪肉干保藏期中的应用［J］. 中国调味品，2022，47（3）：44-48.

［80］ Bizaivi D，Moltriss J A，Dominguez A P M，et al. Inhibition of *Listeria monocytogenes* in dairy products using the bacteriocin-like peptide cerein 8A［J］. Food Microb，2008，121（2）：229-233.

［81］ Rojo B B，Saenz Y，Zaraz A，et al. Antimicrobiel activity of raisin against *Oenococcm oeni* and other wine bacteria ［J］. Food Microbiol, 2007, 116 (1)：32-36.

［82］ Martine V P, Abriouelh H, Omar N B, et al. Inactivation of exopolysaccharide and 3-hydroxypmpionaldehyde-producing lactic acid bacteria in apple juice and apple cider by enterocin AS-48 ［J］. Food Chem Toxicol, 2008, 46 (3)：1143-1151.

［83］ Daeschel M A. Antimicrobial substances from lactic acid bacteria for use as food preservatives ［J］. Food Technol, 1989, 43：164-166.

［84］ 张振山. 乳酸菌素片联合芄龙胶囊治疗功能性消化不良的疗效观察 ［J］. 现代药物与临床, 2019, 34 (11)：3323-3328.

［85］ 孙思睿, 万峰, 贺菁, 等. 乳酸菌细菌素的抑菌活性测定及效价表示方法 ［J］. 食品工业科技, 2018, 39 (16)：340-345.

［86］ 叶巍, 霍贵成. 乳酸菌细菌素应用研究进展 ［J］. 乳业科学与技术, 2006 (2)：28-32.

［87］ 匡珍, 李学英, 徐春霞, 等. 乳酸菌细菌素研究进展及其在水产养殖和加工中的应用 ［J］. 食品工业科技, 2019, 40 (4)：292-298.

［88］ 李巧贤, 程超, 张建飞. 畜牧业生产中细菌素取代抗生素的发展趋势 ［J］. 中国畜牧兽医, 2002 (5)：8-9.

［89］ 杜琨. 乳酸菌细菌素抑菌特性及在食品中的应用研究进展 ［J］. 中国酿造, 2022, 41 (7)：16-20.

［90］ Jenssen H, Hamill P, Robert E W, et al. Peptide antimicrobial agents ［J］. Clinical Microbiology Reviews, 2006, 19 (3)：491-511.

［91］ 刘立文. 抗菌肽及其应用的研究进展 ［J］. 畜牧与兽医, 2023, 55 (7)：133-138.

［92］ 岳昌武, 莫宁萍, 刘坤祥, 等. 抗菌肽的结构特点·作用机理及其应用前景 ［J］. 安徽农业科学, 2008, 36 (5)：1736-1739.

［93］ Karthikeyan V, Santhosh S W. Study of bacteriocin as a food preservative and the *L. acidophilus* strain as probiotic ［J］. Pakistan Journal of Nutrition, 2009, 8 (4): 335-340.

[94] Xiraphi N, Georgalaki M, Van Driessche G, et al. Purification and char-acterization of curvaticin L442, a bacteriocin produced by *Lactobacillus curvatus* L442 [J]. Antonie van Leeuwenhoek, 2006, 89: 19-26.

[95] 李月明，张根生. 乳酸菌在发酵肉制品中的应用研究进展 [J]. 肉类研究，2022, 36 (10): 51-56.

[96] 王思轩，付雪，朱雪梅，等. 乳酸菌发酵果蔬研究进展 [J]. 乳业科学与技术，2020, 43 (2): 56-59.

[97] Gao Y, Jia S, Gao Q, et al. A novel bacteriocin with a broad inhibitory spectrum produced by *Lactobacillus sakei* C2, isolated from traditional Chinese fermented cabbage [J]. Food Control, 2010, 21: 76-81.

[98] Schillinger U, Kaya M, Lucke F K. Behavior of *Listeria monocytogenes* in meat and its control by a bacteriocin-producing strain of *Lactobacillus sake* [J]. Journal of Applied Bacteriology. 1991, 70: 473-478.

[99] Duval E, Zatylny C, Laurencin M, et al. KKKKPLFGLFFGLF: a cat-ionic peptide designed to exert antibacterial activity [J]. Peptides, 2009, 30: 1608-1612.

[100] 宋达峰. 新型植物乳杆菌细菌素 PZJ5 的分离纯化及特性研究 [D]. 杭州：浙江大学，2013.

[101] Fox M A, Thwaite J E, Ulaeto D O, et al. Design and characterization of novel hybrid antimicrobial peptides based on cecropin A, LL-37 and magainin II [J]. Peptides, 2012, 33: 197-205.

[102] Moll G N, Konings W N, Driessen A J. Bacteriocins: Mechanism of membrane insertion and pore formation [J]. Antonie Van Leeuwenhoek, 2011, 76: 185-198.

[103] Diep D B, Skaugen M, Salehian Z, et al. Common mechanisms of tar-get cell recognition and immunity for class II bacteriocins [J]. Proc Natl Acad Sci USA, 2007, 104: 2384-2389.

[104] Jasniewski J, Cailliez-Grimal C, Younsi M, et al. Fluorescence anisotropy analysis of the mechanism of action of mesenterocin 52A: speculations on antimicrobial mechanism [J]. Appl Microbiol Biotechnol, 2008, 81: 339-347.

[105] 李丽. 乳酸片球菌素抑菌机理的研究 [D]. 天津: 天津大学, 2009. 6.

[106] Gao Y, Li D, Sheng Y, et al. Mode of action of sakacin C2 against *Escherichia coli* [J]. Food control, 2011 (22): 657-661.

[107] Todorov S D, Holzapfel W, Nero1 L A. Characterization of a novel bacteriocin produced by *Lactobacillus plantarum* ST8SH and some aspects of its mode of action [J]. Ann Microbiol, 2016, 66: 949-962.

[108] Motta A S, Flores F S, Souto A A, et al. Antibacterial activity of a bacteriocin-like substance produced by *Bacillus* sp. P34 that targets the bacterial cell envelope [J]. Antonie van Leeuwenhoek, 2008, 93: 275-284.

[109] Giesová M, Chumchalová J, Plocková M. Effect of food preservatives on the inhibitory activity of acidocin CH$_5$ and bacteriocin D10 [J]. Eur Food Res Technol, 2004, 218: 194-197.

[110] Vignolo G, Palacios J, Farías M E, et al. Combined effect of bacteriocins on the survival of various *Listeria* species in broth and meat system [J]. Curr Microbiology, 2000, 41: 410-416.

[111] Limonet M, Revol-Junelles A M, Cailliez-Grimal C, et al. Synergistic mode of action of mesenterocins 52A and 52B produced by *Leuconostoc mesenteroides* subsp. *Mesenteroides* FR52 [J]. Curr Microbiology, 2004, 48: 204-207.

[112] Bouttefroy A, Millière J-B. Nisin-curvaticin 13 combinations for avoiding the regrowth of bacteriocin resistant cells of *Listeria monocytogenes* ATCC 15313 [J]. Int J Food Microbiol, 2000, 62: 65-75.

[113] 滕坤玲, 钟瑾. 益生菌产生的细菌素及其功能机制 [J]. 微生物学

报, 2022, 62 (3): 858-868.

[114] Bi X F, Zhou Z Y, Wang X Q, et al. Changes in the microbial content and quality attributes of carrot juice treated by a combination of ultrasound and nisin during storage [J]. Food and Bioprocess Technology, 2020, 13 (9): 1556-1565.

[115] Xi Q W, Wang J, Du R P, et al. Purification and characterization of bacteriocin produced by a strain of *Enterococcus faecalis* TG2 [J]. Applied Biochemistry and Biotechnology, 2018, 184 (4): 1106-1119.

[116] Fabaro L, Todorov S D. Bacteriocinogenic LAB strains for fermented meat preservation: perspectives, challenges, and limitations [J]. Probiotics and Antimicrobial Proteins, 2017, 9 (4): 444-458.

[117] Perez R H, Zendo T, Sonomoto K. Novel bacteriocins from lactic acid bacteria (LAB): Various structures and applications [J]. Microbial Cell Factories, 2014, 13: 13-26.

[118] Verdi M C, Melian C, Castellano P, et al. Synergistic antimicrobial effect of lactocin AL 705 and nisin combined with organic acid salts against *Listeria innocua* 7 in broth and a hard cheese [J]. International Journal of Food Science and Technology, 2020, 55 (1): 267-275.

[119] Lopes N A, Barreto Pinlla C M, Brandelli A. Antimicrobial activity of lysozyme-nisin co-encapsulated in liposomes coated with polysaccharides [J]. Food Hydrocolloids, 2019, 93: 1-9.

[120] Lv X, Miao L, Ma H. Purification, characterization and action mechanism of plantaricin JY22, a novel bacteriocin against Bacillus cereus produced by *Lactobacillus plantarum* JY22 from golden carpintestine [J]. Food Sci Biotechnol, 2018, 27 (3): 695-703.

[121] Alvarez-Sieiro P, Montalban-Lopez M, Mu D, et al. Bacteriocins of lactic acid bacteria: Extending the family [J]. Applied Microbiology and Biotechnology, 2016, 100 (7): 2939-2951.

［122］ Bédard F，Hammami R，Zirah S，et al. Synthesis，antimicrobial activity and conformational analysis of the class Ⅱa bacteriocin Pediocin PA-1 and analogs thereof［J］. Scientific Reports，2018，8（1）：1-10.

［123］ 饶瑜，常伟，唐洁，等. 产细菌素乳酸菌在蔬菜发酵制品生物保鲜中的应用［J］. 食品工业科技，2013（16）：392-396.

［124］ 胡晓清，潘露，王汝毅. 发酵蔬菜中乳酸菌的功能性与安全性研究进展［J］. 现代食品科技，2012，28（11）：1606-1610.

［125］ 刘姗，高玉荣. 格氏乳球菌素 LG34 生物稳定性的研究［J］. 黑龙江八一农垦大学学报，2013，25（3）：67-70.

［126］ Cheny S，Wu H C，Kuo C Y. et al. Leucocin C-607，a novel bacteriocin from the multiple-bacteriocin-producing *Leuconostoc pseudomesenteroides* 607 isolated from persimmon［J］. Probiotics and Antimicrobial Proteins，2018，10：148-156.

［127］ H-Kittikun A，Biscolac V，El-Ghaishd S，et al. Bacteriocin producing *Enterococcus faecalis* KT2W2G isolated from mangrove forests in southern Thailand：purification，characterization and safety evaluation［J］. Food Control，2015，54：126-134.

［128］ 李阳，马园，王国华. 口蹄疫病毒 O 型泛亚株 VP1 蛋白的二级结构及抗原表位预测［J］. 中国动物检疫，2021，38（11）：101-109.

［129］ 刘悦，邵学超，王天添，等. 东北林蛙抗菌肽 dybowskin-1ST 的结构预测及生物学活性分析［J］. 生物工程学报，2021，37（8）：2890-2902.

［130］ 郝刚. Buforin Ⅱ抗菌肽的分子设计及对 DNA 作用抑菌机理研究［D］. 无锡：江南大学，2009.

［131］ 刘珊娜，王聪，魏金艳，等. 酸菜汁中乳酸菌的筛选和产酸性能的优化［J］. 食品工业科技，2018，39（3）：112-116.

［132］ 高娟娟，贾丽艳，畅盼盼，等. 枯草芽孢杆菌细菌素 A32 的抑菌机理研究［J］. 中国食品学报，2021，21（10）：56-64.

[133] 沈勇，刘文茹，梅俊，等．花鲈鱼肠道中产细菌素粪肠球菌的筛选和抑菌效果研究［J］．食品与发酵工业，2019，45（14）：15-19.

[134] 王刚，朱慧越，俞赟霞，等．乳酸菌合成细菌素及对肠道菌群的影响［J］．食品与发酵工业，2019，45（21）：264-271.

[135] 许晓燕，彭珍，熊世进，等．乳酸乳球菌乳亚种 NCU036018 细菌素的分离纯化及其抗菌机制［J］．食品科学，2022，43（16）：209-216.

[136] 吴学友，朱悦，陈正行，等．乳酸菌细菌素 Durancin GL 对单增李斯特菌的抗菌活性及机制［J］．食品科学，2019，40（23）：73-78.

[137] 唐俊妮．乳酸菌及其产生的细菌素［J］．西南民族大学学报（自然科学版），2022，48（3）：250-259.

[138] 万心怡，徐学明，吴凤凤．罗伊氏乳杆菌产罗伊氏细菌素的工艺优化［J］．食品与生物技术学报，2019，38（11）：63-69.

[139] 张漫敏，曾祥益，方利敏，等．植物乳杆菌 C010 产细菌素的分离纯化及理化稳定性分析［J］．食品与发酵工业，2023，49（3）：31-37.

[140] 江宇航，李宏伟，杨晓洁，等．马尾松毛虫肠道产细菌素细菌的筛选及抑菌特性［J］．微生物学通报，2021，48（1）：123-134.

[141] 张晓旭，刘欢，肖苗，等．益生菌代谢产物对病原菌的抑菌作用研究进展［J］．食品与发酵工业，2023，49（1）：297-302.

[142] 贾丽艳，畅盼盼，张丽，等．产细菌素菌株 A32 食品级培养基组成及发酵条件的优化［J］．食品工程，2020（2）：51-56.

[143] 朱燕莉，王正莉，王卫，等．天然食品防腐剂的抑菌机理研究进展［J］．中国调味品，2021，46（9）：176-180.

[144] 赵冬雪，杨晓溪，郎玉苗．天然抗菌剂在食品抑菌保鲜中的研究进展［J］．食品工业，2021，42（7）：204-207.

[145] 孔祥丽，吴昕雨，许晓曦．植物乳杆菌代谢产物抑菌机制与应用研

究进展 [J]. 食品安全质量检测学报, 2021, 12 (8): 3131-3140.

[146] 张文敏, 耿方琳, 方太松, 等. 应用乳酸菌生物保护剂控制肉制品中单增李斯特菌的研究进展 [J]. 工业微生物, 2019, 49 (4): 39-45.

[147] 罗林根, 朱明扬, 黄谦, 等. 乳酸链球菌素及其在食品中的应用研究进展 [J]. 浙江农业科学, 2020, 61 (5): 1003.

[148] 吕懿超, 李香澳, 王凯博, 等. 乳酸菌作为生物保护菌的抑菌机理及其在食品中应用的研究进展 [J]. 食品科学, 2021, 42 (19): 281-290.

[149] Rathod N B, Phadke G G, Tabanelli G, et al. Recent advances in bio-preservatives impacts of lactic acid bacteria and their metabolites on aquatic food products [J]. Food Biosci, 2021, 44: 101440.

[150] Wang C, Chuprom J, Wang Y, et al. Beneficial bacteria for aquaculture: Nutrition, bacteriostasis and immunoregulation [J]. J Appl Microbiol, 2020, 128 (1): 28-40.

[151] 王娅娅, 李娜, 曾键尧, 等. 抗菌肽的来源及其应用 [J]. 生物学通报, 2020, 55 (8): 7-10.

[152] Moravej H, Moravej Z, Yazdanparast M, et al. Antimicrobial peptides: Features, action, and their resistance mechanisms in bacteria [J]. Microbial Drug Resistance, 2018, 24 (6): 747-767.

[153] Du H, Yang J, Lu X, et al. Purification, characterization, and mode of action of plantaricin GZ1-27, a novel bacteriocin against Bacillus cereus [J]. J Agric Food Chem, 2018, 66 (18): 4716-4724.

[154] 张晓峰, 王丹, 户萌菲, 等. 无前导肽细菌素的研究进展及在食品保藏中的应用 [J]. 食品研究与开发, 2021, 42 (5): 207-213.

[155] 王金泽, 刘哲, 黄一刚, 等. 一种新型植物乳杆菌素的分离纯化研究 [J]. 当代化工研究, 2022 (9): 42-44.

[156] Beniamin C, Luis P, Fernando C L, et al. Modeling the effects of pH

variation and bacteriocin synthesis on bacterial growth［J］. Applied Mathematical Modelling, 2022, 110: 285-297.

［157］杨珍珠, 潘秭琪, 迟海, 等. 羊奶源产细菌素乳酸菌筛选、鉴定及益生特性研究［J］. 中国食品学报, 2021, 21 (11): 71-77.

［158］刘哲, 王金泽, 黄一刚, 等. 一株细菌素产生菌的分离鉴定及其所产新型细菌素的结构特性研究［J］. 当代化工研究, 2022 (8): 162-164.

［159］Yakubov I T, Sakhibnazarova K A, Urlacher V, et al. Purification and identification of bacteriocin from Lactobacillus plantarum［J］. Chemistry of Natural Compounds, 2021, 57 (2): 404-406.

［160］辛婷, 郭潇扬, 王钊, 等. 发酵食品中产细菌素乳酸菌的筛选与鉴定［J］. 现代牧业, 2022, 6 (2): 7-13.

［161］王朝, 冉旋, 雷江英, 等. 牦牛源产细菌素屎肠球菌的分离鉴定和益生特性［J］. 微生物学通报, 2023, 50 (8): 3454-3466.

［162］张明, 罗强, 魏婕, 等. 产细菌素屎肠球菌的筛选鉴定及其抑菌特性［J］. 食品科学, 2021, 42 (6): 171-177.

［163］王帅静, 李啸, 刘玲彦, 等. 西藏牦牛粪和乳源中益生菌的筛选与鉴定［J］. 中国酿造, 2021, 40 (7): 43-48.

［164］张文晓, 白筱翠, 王楠, 等. 呼吸道潜在益生菌 D-19 表面疏水性及自动聚集能力的研究［J］. 中国微生态学杂志, 2022, 34 (3): 278-283.

［165］Garcia-Gutierrez E, O'Connor P M, Colquhoun I J, et al. Production of multiple bacteriocins, including the novel bacteriocin gassericin M, by *Lactobacillus gasseri* LM19, a strain isolated from human milk［J］. Appl Microbiol Biotechnol, 2020, 104 (9): 3869-3884.

［166］高兆建, 张艳秋, 宋玉林, 等. 筛选自泡菜的发酵乳杆菌细菌素纯化及抑菌特性分析［J］. 食品工业科技, 2021, 42 (3): 201-207.

［167］杨悦, 滑婉月, 陈志迪, 等. 植物乳杆菌 LV02 抑菌特性及发酵培

养基优化研究 [J]. 福建农业学报, 2021, 36 (1): 91-103.

[168] 姜晶, 敖日格乐, 王纯洁, 等. 酸马奶提取植物乳杆菌 DSM20174 细菌素的理化特性研究 [J]. 中国畜牧兽医, 2016, 43 (2): 444-449.

[169] Yoo H, Rheem I, Rheem S, et al. Optimizing medium components for the maximum growth of *Lactobacillus plantarum* JNU 2116 using response surface methodology [J]. Korean Journal for Food Science of Animal Resources, 2018, 38 (2): 240-250.

[170] 郝淑月, 任清. 北工商海洋杆菌诱导戊糖片球菌产生细菌素及降黄酒生物胺功效研究 [J]. 食品科学技术学报, 2021, 39 (1): 88-95.

[171] 杨慧轩, 罗欣, 梁荣蓉, 等. 乳酸菌作为生物抑菌剂在肉与肉制品中的应用研究进展 [J]. 食品科学, 2022, 43 (7): 317-325.

[172] 马国涵, 马欢欢, 吕欣然, 等. 大菱鲆肠道中广谱拮抗活性乳酸菌的筛选及其细菌素鉴定 [J]. 食品科学, 2019, 40 (6): 159-165.

[173] 杜贺超, 李秀秀, 陆兆新, 等. Plantaricin 163 对热杀索丝菌的抗菌活性及其作用机制 [J]. 微生物学通报, 2018, 45 (11): 2439-2448.

[174] 郑美英, 堵国成, 陈坚, 等. 分批发酵生产谷氨酰胺转氨酶的温度控制策略 [J]. 生物工程学报, 2000, 16 (6): 759-762.

[175] 邹祥, 廖志华. 温度对重组大肠杆菌产番茄红素的影响及控制策略 [J]. 微生物学通报. 2005, 32 (5): 19-23.

[176] 宁俊帆, 郭玉宝, 宋睿, 等. 稻米陈化中谷蛋白变化光谱解析及其对功能性质的影响 [J]. 光谱学与光谱分析, 2021, 41 (11): 3431-3437.

[177] 赵蕊池, 王培龙, 石雷, 等. 自组装有序纳米银线表面增强拉曼光谱检测牛奶中三聚氰胺 [J]. 分析化学, 2017 (1): 75-82.

[178] 齐宝坤, 赵城彬, 江连洲, 等. 热处理对大豆 11S 球蛋白表面疏水

性的影响及拉曼光谱分析［J］. 食品科学，2018，39（18）：15-20.

［179］谢凤英，马岩，王晓君，等. 拉曼光谱分析荞麦多酚对米糠蛋白结构的影响［J］. 食品科学，2017，38（3）：32-36.